Untersuchungen

zur

Kanalisation.

Von

Dr. J. Soyka,
Professor der Hygiene an der deutschen Universität zu Prag.

Mit einem Vorwort
von
Prof. Dr. M. v. Pettenkofer.

München und Leipzig.
Druck und Verlag von R. Oldenbourg.
1885.

Vorwort.

Die Kanalisation, d. i. die rasche Fortschaffung der Schmutz- und der Regenwässer von den menschlichen Wohnorten, ist eine uralte, gesundheitstechnische (hygienische) Maassregel, welcher in neuerer Zeit von Vielen und namentlich von grösseren Gemeinden wieder ein viel grösserer und gesundheitswirthschaftlicher Werth beigelegt wird, als das früher geschehen ist, während aber gleichzeitig Andere unter gewissen Umständen grosse Gefahren für die Gesundheit darin erblicken wollen, insoferne dadurch Boden neben und unter, und Luft in den Kanälen verunreinigt würden. Manche Aerzte — namentlich in England — glauben z. B. bestimmt, dass schon Typhoid- und Choleraepidemien durch Kanalgase entstanden seien (sewergases-theory).

Es ist deshalb sehr an der Zeit, dass die wissenschaftliche und experimentelle Hygiene auch in dieser Richtung die gesundheitstechnische Praxis einer vorurtheilslosen, eingehenden Prüfung unterziehe, um den Werth oder Unwerth von Maassnahmen und Ansichten festzustellen, welche nicht nur für die öffentliche Gesundheitspflege von Wichtigkeit sind, sondern auch eine grosse nationalökonomische Bedeutung haben, insoferne die Ausführung solcher gesundheitstechnischer Pläne verhältnissmässig grosse Kosten verursacht.

Ich habe es daher sehr gerne gesehen, dass Dr. Soyka, nunmehr Professor der Hygiene an der Universität Prag, sich mit einigen auf Kanalisation bezüglichen Fragen eingehend beschäftigte, während er als Assistent am hygienischen Institute der Universität München thätig war. Es liegen von ihm nun drei seiner Untersuchungen vor: 1. über die Mortalitätsverhältnisse Münchens mit

Rücksicht auf die Kanalisation, 2. über Luftbewegung in den Kanälen, 3. über Selbstreinigung des Bodens. Die von dem Verfasser erzielten Resultate erscheinen mir von solcher Bedeutung und von so grossem Interesse, dass ich das Studium seiner Arbeiten allen Aerzten, Gesundheitstechnikern und Verwaltungsbeamten nur dringend empfehlen kann.

München im Oktober 1884.

Max von Pettenkofer.

Einleitung.

Die hygienische Forschung muss es sich nicht selten zur Aufgabe machen, Einrichtungen und Maassregeln in den Bereich ihrer Untersuchungen zu ziehen, für die sich seit undenklichen Zeiten eine bestimmte Praxis herausgebildet hat, welche nach einer Art stillschweigenden Uebereinkommens als die vortheilhafteste oder scheinbar bequemste erscheint. Es sind dies meist die täglichen Bedürfnisse, an deren Befriedigung unser Dasein gebunden ist, für welche sich allmählich auf dem Wege der Erfahrung eine Uebung gefunden, die wir auch ohne strenge wissenschaftliche Begründung gelten lassen müssen, und wo wir erst nachträglich die Principien feststellen, auf welchen diese unsere Lebensgewohnheiten beruhen. Durch letzteres kommen wir dann allerdings auch leicht in die Lage, Vorschläge zur Besserung, zu einer rationelleren Gestaltung gewisser Lebensgewohnheiten, gewisser Verrichtungen anzuregen. Es sei hierbei nur an die Fragen der Ernährung, der Bekleidung gedacht, deren wissenschaftlichem Ausbau das actuelle Bedürfniss weit voranschreiten musste, die jedoch, seitdem gewisse, nach exacten Methoden unternommene Untersuchungen zur Lösung, wenigstens einiger Cardinalpunkte geführt haben, bereits manche Modificationen, manche Förderung erfahren haben.

In zweiter Linie haben wir sodann eine Reihe von meist für eine gewisse Gesammtheit oder Gemeinschaft von Menschen berechneten und bestimmten Maassnahmen, die erst dem in der neueren Zeit etwas reger gewordenen hygienischen Bewusstsein entsprungen sind, und für deren Nothwendigkeit im Grossen und Ganzen eine Summe von Erfahrungen und Thatsachen spricht, jedoch nicht mit solcher Klarheit und Entschiedenheit, um den einzig richtigen Weg bereits über alle Zweifel und Anfechtungen erhaben hingestellt zu haben. So spielen, seitdem es eine epidemiologische Forschung gibt, in derselben die Verunreinigung des Bodens, die Verpestung der Luft, die Verschlechterung des Wassers durch jene Substanzen, die als Abfälle des menschlichen Haushalts, als Producte des Stoffwechsels von Menschen und Thieren, als Reste abgestorbenen, organischen Lebens auftreten, eine wesentliche Rolle; vergleichende Untersuchungen der Sanitätsverhältnisse innerhalb eines grösseren Bezirkes suchten diesen Einfluss festzustellen; und wenn auch auf diese Weise bei der grossen Anzahl mitwirkender Factoren kein alle Anforderungen wissenschaftlicher Skepsis befriedigendes Resultat gewonnen werden konnte, so liess sich doch die Gefahr, die der Vernachlässigung aller auf diesen Punkt zu richtenden, hygienischen Bestrebungen entspringt, nicht abweisen, so dass allmählich energische Anstrengungen gemacht wurden, diesen Gefahren dadurch vorzubeugen, dass man Boden, Luft und Wasser von den verunreinigenden Stoffen so weit frei zu erhalten suchte, als die sanitären Anforderungen es erheischten und als die Durchführung dieses Vorhabens möglich ist.

Sache der wissenschaftlichen Forschung ist es dann, hier zu untersuchen, wie weit die bisherigen theils eingeführten, theils vorgeschlagenen Einrichtungen diesem Postulate nachgekommen sind oder nachzukommen vermögen, ob sich Anhaltspunkte finden lassen, die den Schluss auf einen Einfluss derselben in sanitärer Beziehung gestatten, ob sich im Betriebe, in der praktischen Anwendung Erscheinungen zeigen, die mit den hygienischen Anforderungen nicht vereinbar sind, und ob diese solcher Natur sind, dass sie eine Abhilfe als möglich, oder aber das ganze jeweilige Princip als unbrauchbar erscheinen lassen.

Es ist wohl selbstverständlich, dass diese Aufgabe in der hier ausgesprochenen allgemeinen Darlegung eine viel zu umfassende ist, als dass auf eine rasche Lösung derselben gerechnet werden könnte. In den hier zu veröffentlichenden Aufsätzen soll ein kleiner Beitrag hierzu geboten werden, indem die Kanalisationsfrage nach den erörterten Gesichtspunkten behandelt werden soll. Es wird in erster Linie untersucht werden, ob sich an der Hand vorliegender Thatsachen ein Urtheil über die sanitäre Bedeutung dieses Systems der Städtereinigung abgeben lässt, in welcher Weise ferner gewisse Nachtheile, die dem Systeme durch die Strömungen der Luft innerhalb der Kanäle und durch Communication mit Strassen und Wohnungen anhaften, stärker in die Erscheinung treten, und schliesslich sollen dann auch, anknüpfend an frühere Untersuchungen, neue Daten geliefert werden zu der Frage nach dem endlichen Schicksal der organischen Stoffe, wenn dieselben dem Boden oder dem Wasser überliefert werden.

I. Kapitel.

Mortalitätsverhältnisse Münchens mit Rücksicht auf die Kanalisation.

In einer Stadt, welche in Bezug auf die von uns zu behandelnde Frage verschiedene Einrichtungen in einer gewissen räumlichen Trennung besitzt, liegt in diesem Zustande eine Art Herausforderung, denselben zu vergleichenden Untersuchungen zu benützen; doch liegt andererseits auch die grosse Gefahr vor, dass bei der Hervorhebung eines einzelnen Factors, bei der einseitigen Würdigung und der Vernachlässigung anderer mitwirkender Momente die Schlussfolgerungen zu irrthümlichen werden, solange man diesen einzelnen Factor als die Ursache oder alleinige Ursache aller sich ergebenden Differenzen ansehen wollte. Es wird also auf diesem Wege nicht ganz leicht ein positiver Beleg zu schaffen sein, z. B. für den günstigen Einfluss der Kanalisation und der damit einhergehenden Bodendrainage, wenn es nicht gelingt, die cetera paria zu schaffen, was für eine grössere Stadt einigermassen Schwierigkeiten darbietet. Es wird jedoch für manche Fälle schon genügen, die Untersuchung nach der umgekehrten Richtung hin anzustellen, ob vielleicht aus der bestehenden Kanalisation grössere Nachtheile entspringen. Es ist diese Behandlung auch schon deshalb nicht überflüssig, weil ja von verschiedenen Seiten wirklich derartige Vorwürfe erhoben wurden.

Wir wollen zu diesem Zwecke in erster Linie eine Darlegung der Verhältnisse geben, wie sie in Bezug auf Reinhaltung und Entwässerung des Bodens in München bestehen.

München besitzt nach der Volkszählung des Jahres 1880 die Summe von 453 Strassen mit 8791 Häusern und eine Einwohnerzahl von 224902 (Civilbevölkerung, die hier ausschliesslich zur Berücksichtigung gelangt). Diese Strassen lassen sich nun nach 3 resp. 4 grossen Gruppen mit Rücksicht auf die Entwässerung und Reinhaltung des Bodens zusammenfassen.

Die I. Gruppe, die 56 Strassen umfasst, besitzt ein modernes Sielsystem mit undurchlässigen, gespülten Kanälen von eiförmigem Profil, die begangen werden können.

Die II. Gruppe, die 77 Strassen in sich schliesst, besitzt zwar auch Kanäle, die jedoch einer früheren Zeit angehören und fast durchweg unzulänglich sind.

Die III. Gruppe, von 320 Strassen, besitzt gar keine Kanäle. Eine geringe Anzahl dieser Strassen wird von den sog. Stadtbächen, Abzweigungen der Isar, die durch die Stadt geleitet worden waren, durchflossen. Diese Stadtbäche liegen jedoch relativ hoch, so dass eine Entwässerung, eine Drainage des Bodens in dieselben nicht gut möglich ist.

Ein näheres Eingehen auf diese Entwässerungsverhältnisse lässt uns jedoch noch eine weitere Gruppe abtrennen. Das Sielsystem nämlich, das 56 Strassen umfasst, ist weder der Zeit des Baues noch der Localität und dem Terrain nach ein einheitliches; wir haben es vielmehr mit zwei von einander ganz unabhängigen Sielsträngen zu thun, und zwar in folgender Weise:

I. Gruppe, 43 Strassen der Schönfeld-, Max- und Ludwigs-Vorstadt, zum grössten Theil im Jahre 1868 besielt. Die annähernde Länge dieser Kanalstrecke betrug nach dem im Jahre 1876 erstatteten Gordon'schen Bericht[1]) 21000^{m}. Die Anlage dieser Siele ist von Südwest nach Nordost gerichtet, da sich auch das Terrain mit dem Laufe der Isar von Südwest nach Nordost resp. von Süd nach Nord neigt, beginnt in der Gegend des allgemeinen städtischen Krankenhauses und mündet mit dem Stammsiele unterhalb der Stadt in der Nähe der Central-Thierarzneischule in einen Isarkanal, den sog. Schwabingerbach. Die sämmtlichen Kanäle sind aus hart gebrannten Backsteinen in hydraulischem Mörtel gemauert, und die Innenwände mit gleichem Mörtel ver-

1) Die Kanalisation der Haupt- und Residenzstadt München. Von J. Gordon. München 1876.

putzt; zur Sohle wurden sog. Klinker (hart gebrannte Ziegel) verwendet. Die kleinste Höhendimension der Kanäle wurde auf 4 Fuss hergestellt, um eventuelle Räumungen und Reparaturen noch vornehmen lassen zu können, und werden nach den inneren, lichten, Dimensionen 3 Kategorien dieser Siele unterschieden:

a) Stammsiel:	Lichte Höhe 7′	R des obern Gewölbes 2′
		R „ untern „ 1,25′
b) Hauptsiel:	Lichte Höhe 5,4′	R des obern Gewölbes 1,5′
		R „ untern „ 1,0′
c) Nebensiel:	Lichte Höhe 4,8′—4,0′	R des obern Gewölbes 1,4′
		R „ untern „ 0,8′

Das Gefälle der Kanäle ist fast durchgehends 1:800 = 0,125 %, nur bei der Ausmündung bedeutend vermehrt, 1:140 = 0,713 %.

Das ganze Kanalnetz ist mit einem Systeme von Stauschleusen zu periodischer Spülung versehen, und an den verschiedenen Kanalenden sind Spülbehälter angelegt. Nach Messungen, die bezüglich der in den Sielen fliessenden Wassermenge von Frauenholz angestellt wurden, beträgt bei regenlosem Wetter, also zu Zeiten, wo die Siele keinen andern Zufluss als das Abwasser der Häuser und das in die Spülschleusen geleitete Wasser haben, im Ganzen $5{,}5^{\text{cbf}} = 0{,}136^{\text{cbm}}$ pro Secunde, von welcher Wassermenge die Abwasser der Häuser $2{,}43^{\text{cbf}} = 0{,}06^{\text{cbm}}$, die Spülschleusen $2{,}77^{\text{cbf}} = 0{,}076^{\text{cbm}}$ pro Secunde liefern.

Es fliessen also zur Zeit, wo es nicht regnet, in den betreffenden Kanälen insgesammt

in der Secunde	129	Liter
„ „ Minute	7756	„
„ „ Stunde	465360	„
im Tage	11 168640	„ [1])

Wenn auch diese Spülung eine verhältnissmässig bedeutende zu nennen wäre, so ist sie leider nicht eine gleichmässige: im Winter besteht Mangel an Spülwasser wegen des niedern Quellenstandes, im Sommer während jeder Bachauskehr wegen geringerer Leistungs-

1) Das Kanal- oder Sielsystem in München. Gutachten etc. von M. v. Pettenkofer. München 1869.

fähigkeit der das Spülwasser liefernden Brunnenwerke. Als im Jahre 1857 der Entwurf zu dieser Entwässerung angefertigt wurde, war auch mit Rücksicht auf den damaligen Mangel jeder Wasserversorgung dieser Stadttheile von vorn herein festgestellt, dass diese Kanäle keine Abtrittsflüssigkeiten aufnehmen sollten. Für die Excremente musste also noch durch cementirte Gruben vorgesorgt werden, oder es wurde auch in einzelnen Häusern die Tonnenabfuhr eingerichtet. Dass trotzdem Fäcalien in genügender Menge in diese Kanäle kamen und kommen, ist nicht bloss wahrscheinlich, sondern sogar mit voller Evidenz nachgewiesen. Fürs erste mussten für einzelne Häuser direct Ausnahmsmaassregeln geschaffen werden, wo es sich um bereits bestehende Einrichtungen handelte, denen also die Ausnahmsvergünstigung, direct einzuleiten, gewährt wurde. Sodann wurde bei einzelnen Häusern und Etablissements die Aufstellung von Separateurs geduldet, mit Einleitung des abfliessenden Flüssigen in die Kanäle, und wir wissen ja, dass sich hierbei allmählich Alles verflüssigt. Sodann aber wurde an vielen Orten per nefas die Grube durch ein Ueberlaufsrohr in Communication mit dem Kanal gesetzt, und so das Verbot so lange umgangen, bis diese Manipulation entdeckt und abgeschafft wurde, um alsbald hinter dem Rücken der Aufsichtsorgane wieder eingeführt zu werden. Auf diese Weise ist es erklärlich, dass auch die Analysen des Kanalinhalts von Feichtinger[1]) und von Schelhass[2]) Angaben liefern mussten, die auf die Thatsache der Einleitung der Fäcalien hinwiesen, und dass die Analysen keine grossen Differenzen nachwiesen zwischen dem Kanalwasser von München und dem von Rugby, einer Stadt, welche die Excremente direct in die Kanäle ablässt.

In diese Strassengruppe sind nun auch die in den neuen Schlachthauskanal sich entwässernden Strassen mit einbezogen. Dieser Kanal, in der Länge von ca. 1600^{m}, schliesst sich in seiner Construction den früheren an, wenn er auch viel später gebaut ist; er ist in technischer Beziehung höchst vollkommen eingerichtet und

1) Das Kanal- oder Sielsystem in München. Gutachten etc. von M. v. Pettenkofer. München 1869.

2) Bayerisches Industrie- und Gewerbeblatt 1877.

mündet am Sendlingerthor in einen Stadtbach, den sog. Glockenbach.

Als II. Gruppe haben wir dann einen Complex von 13 Strassen, die sich in den sog. Thalkanal entwässern. Dieser Kanalbau wurde in den Jahren 1869—1872 ausgeführt. Die Kanäle besitzen eine Gesammtlänge von 2722^{m} und münden in die Isar aus; sie sind in ganz ähnlicher Weise angelegt und ausgeführt wie die soeben geschilderten. Die Stadtbäche sind zum Zweck der Spülung theilweise an sie angeschlossen. Die hierher gehörenden Strassen zeigen in mehrfacher Beziehung Verschiedenheiten von den Strassen der I. Gruppe; hier sei zuvörderst nur hervorgehoben, dass sie sich im Centrum der Stadt befinden und demgemäss zu den älteren gehören, während die ersteren nahe an der westlichen und nordwestlichen Peripherie gelegen sind und, wenigstens in ihren äussersten Theilen, zu den jüngeren gezählt werden müssen.

Als III. Gruppe haben wir nun 77 Strassen mit alten Kanälen. Diese älteren Kanäle sind grösstentheils, nach früherer Art solcher Constructionen, aus Backsteinmauerwerk, mit ebenen oder flach muldenförmigen, polygonen oder segmentförmigen, gepflasterten Sohlen und senkrechten, parallelen Wänden versehen. Sie sind theils überwölbt, theils mit Holz eingedeckt und wurden in verschiedenen Dimensionen und stückweise, ohne richtigen Zusammenhang und ohne System ausgeführt. Ihre Construction fällt zum Theil noch in den Anfang dieses Jahrhunderts, und ist von einigen Kanälen der Zeitpunkt ihres Baues gar nicht mehr zu eruiren. Ihre gesammte Länge beträgt ca. 61000′ oder 18000^{m}, von der über 40 % noch vor 1850 erbaut wurden. Das Gefälle schwankt zwischen 0,07 % bis zu 1,5 selbst 2 %, die Höhe zwischen 2—6′, die Breite zwischen 1,95 und 3,5′. Directen Zufluss aus den Wasserleitungen haben diese Kanäle nicht, ebensowenig Stau- oder sonstige Spülvorrichtungen. Dass diese Kanäle mehr langgestreckten Cloaken und Versitzgruben als modernen Sielen gleichen, ist nach der vorliegenden Sachlage erklärlich, und die grossen Ansammlungen von Unrath, die von Zeit zu Zeit immer wieder durch Menschenhand heraufgeschafft werden müssen, beweisen dies. Es sind auch keine Mittel vorhanden, durch eine stärkere Spülung diesen Mängeln in etwas abzuhelfen, und wir können mit vollem Rechte annehmen, dass die Drainageverhältnisse der von diesen Kanälen durchflossenen Stadttheile nicht viel besser sich gestalten als in jenen Stadttheilen, die der Kanäle völlig entbehren; können ja schon wegen der hohen Lage einzelner dieser Kanäle viele Keller sich in dieselben nicht oder nur durch Aufpumpung entwässern.

Wir lassen zur genauen Charakterisirung dieser alten Kanäle, die mit modernen Sielen gar nicht verglichen werden dürfen und nur den Namen Kanäle tragen, den officiellen Bericht[1]) über dieselben hier folgen. Dort heisst es:

„Die Wirkung der Kanäle in Bezug auf Fortschaffung der eingeführten Abwasser ist eine gänzlich ungenügende. Trotz der günstigen Gefällsverhältnisse (durchschnittlich 1 : 100 bis 1 : 500) lagert sich in denselben der Unrath so massenhaft ab, dass eine mehrmalige jährliche Reinigung derselben vorgenommen werden muss; ausserdem ist bei der geringen Dichtheit der Sohle und der Seitenwände der Untergrund einer fortwährenden Verunreinigung durch organische Stoffe ausgesetzt.

Die Gründe dieser mangelhaften Wirkung der Kanäle liegen nahe; sie sind zu finden:

a) in der geringen Menge von Spülwasser und dem Mangel jeder Stauvorrichtung, um dem Spülwasser zeitweilig eine erhöhte Wirksamkeit geben zu können;
b) in der Construction der Sohle; die flach muldenförmige Form derselben gestattet der abzuführenden Flüssigkeit, sich über eine grosse Fläche auszubreiten und bei der hierdurch entstehenden geringen Wassertiefe mit Leichtigkeit allen schwimmenden und nicht schwimmenden Unrath abzusetzen;
c) in der Construction der Einfallschachte; durch diese offenen, auch nicht mit Gittern versehenen Schachte gelangt das Strassenwasser aus den Strassenrinnen direct in die Seitenkanäle, hat also keine Gelegenheit, wie beim Sielnetz, vorher seinen Schlamm und seine schweren Theile in einen Senk-

1) I. Bericht über die Verhandlungen und Arbeiten der vom Stadtmagistrat München niedergesetzten Commission für Wasserversorgung, Kanalisation und Abfuhr in den Jahren 1874 und 1875 in München.

kasten abzulegen. Diese offenen Schachte sind auch der Weg, auf welchem die zur Strassenreinigung verpflichteten Privaten das Kehricht und den Strassenschlamm in den Kanal bringen können und auf welchem auch noch manch anderer Unrath dahingelangt."

Nach dieser Charakterisirung wird man wohl zugeben, dass diese Strassen in Bezug auf Reinhaltung des Bodens höchstens mit nicht kanalisirten Strassen parallelisirt werden können, ja sie werden mit Rücksicht auf die lange Dauer dieser Zustände, auf das Alter der Kanäle noch viel schlechter darin bestellt sein als die nicht kanalisirten, relativ jüngeren Strassen. Schon aus dem grossen Alter dieser Kanäle geht hervor, dass die grösste Zahl dieser Strassen zu den ältesten Münchens gehört und im Centrum der Stadt gelegen ist.

Als IV. Gruppe haben wir schliesslich 320 Strassen ohne Kanäle. Die Entwässerung wird hier ohne künstliche Mittel dem lockern Erdreich überlassen, dessen Fähigkeit hierzu denn auch bei heftigeren Regengüssen versagt, so dass es zur Bildung von wahren Giessbächen, zu partiellen Ueberschwemmungen kommt, (freilich auch in vielen Strassen der Gruppe III). Auf diese Weise werden dann auch die Hausabwasser ruhig und sorglos dem Boden überantwortet, sei es direct, sei es durch Vermittlung von sog. Versitzgruben. Die Excremente sollen auch hier in cementirten Gruben aufgesammelt oder durch Tonnenabfuhr entfernt werden.

Die zu dieser Gruppe gehörigen Strassen sind unregelmässig vertheilt; selbstverständlich gehört jedoch der grösste Theil der neuen und neuesten Strassen hierher, die natürlich wieder vorwiegend an der Peripherie der Stadt sich befinden.

Haben wir auf diese Weise ein Bild über die Entwässerungsverhältnisse Münchens gegeben, so ist damit der Charakterisirung der einzelnen Strassencomplexe nicht Genüge geleistet worden. Da es sich darum handelt, Vergleiche mit Rücksicht auf Mortalitäts- und Krankheitsverhältnisse zu unternehmen, so ist vor allem auch der Boden in Betracht zu ziehen; denn wir wissen ja, dass das Auftreten gewisser Krankheiten nach Intensität der Ausbreitung und des Verlaufs von gewissen Bodenverhältnissen abhängig ist. Ich gebe deshalb hier eine kurze geologische Skizze, soweit sie hygienische Beziehungen erkennen lässt. Dieselbe sowie das auf Taf. I dargestellte Querprofil durch München verdanke ich meinem Freunde Dr. A. Penck.

München liegt auf einer breiten Hochfläche von dreiseitiger Gestalt, welche sich im Süden zwischen die Gebiete des alten Inn- und Isargletschers drängt und sich nach Norden zwischen Freising und Landshut in dem Isarthale fortsetzt. Im Gegensatz zu der nördlicher liegenden Tertiärhügellandschaft und den im Süden entwickelten Moränenbezirken ist das Niveau dieser Hochfläche ein sehr gleichförmiges; dieselbe zeigt keinerlei erhebliche Unregelmässigkeiten der Bodengestaltung, sondern dacht sich gleichförmig von Süd nach Nord ab. Auch der hydrologische Charakter ist ein ungemein regelmässiger. Diese Hochfläche wird der Länge nach von der Isar durchströmt; letztere schneidet in den südlichen Theil der Hochfläche 50—70^{m} tief in einem engen Thale ein; in dem Maasse jedoch, als man vorwärts geht, nimmt die Tiefe dieses Thales ab. Bei Grosshesselohe, etwa 10^{km} südlich von München, entwickeln sich an den Gehängen des Isarthales breite Terrassen, welche nach Norden zu allmählich in einander verfliessen und schliesslich mit der Hochfläche und der Thalsohle in eine Fläche verschmelzen. Etwa 10^{km} unterhalb Münchens ist kein Isarthal mehr wahrnehmbar, der Fluss fliesst auf der Hochfläche. Die Stadt München nun liegt grösstentheils auf einer Terrasse des Isarthales (*B* auf Taf. I), welche bei Grosshesselohe ihren Ursprung nimmt, hat sich jedoch frühzeitig auch über den Thalboden selbst ausgebreitet (*C* auf Taf. I), aber erst in neuerer Zeit auch auf die Hochfläche (*AA* auf Taf. I) erstreckt[1]). Ein Blick auf die Tafel zeigt uns dann an einem von

1) Es wird vielleicht ein Kenner der diesen Gegenstand behandelnden medicinischen Literatur einen Widerspruch mit früheren Schilderungen zu finden glauben, da in diesen meist von drei Terrassen die Rede ist. Der Widerspruch ist jedoch nur scheinbar und nur in der Bezeichnung, im Namen, gelegen. Was hier Hochfläche, Terrasse, Thalboden genannt wird, entspricht den früheren drei Terrassen: *A* die Hochfläche wäre also die erste, *B* die eigentliche Terrasse die zweite, *C* der Thalboden die dritte Terrasse. Ich glaubte den geologischen Ausdruck, der oben gebraucht wird, festhalten zu sollen, besonders auch, weil er dem Bilde gut entspricht und manche Eigenthümlichkeiten des Terrains erklärt.

West nach Ost gezogenen Durchschnitt, wie die Hochfläche *AA* einen tieferen, der Isar entsprechenden und an dieselbe sich anschliessenden Einschnitt (*C*) erlitten, der von Nord nach Süd verläuft, das sog. Isarthal, welches auf der einen, östlichen Seite direct zur Hochfläche (ca. 20^m hoch) ansteigt, auf der andern, westlichen Seite jedoch vermittels einer Abstufung, Terrasse (*B*), die Höhe erklimmt. Weiter gegen Osten erblicken wir schliesslich eine Anschwellung *D*, eine wahre Auflagerung, die noch unser geologisches wie hygienisches Interesse in Anspruch nehmen wird. Der Abfall der Hochfläche gegen die Isar auf der östlichen Seite beträgt ca. 20^m. Der Abfall der Hochfläche (westlich) zur Terrasse beträgt 10—5^m, gegen Norden zu abnehmend; von der Terrasse gegen den Thalboden ungefähr ebensoviel.

Im Einklange mit dem Mangel orographischer Gliederung zeigt die grosse Münchener Hochfläche einen sehr einfachen geologischen Bau. Mögen auch in der Tiefe noch eine Reihe älterer Gesteine ruhen, so ist der Flinz (1 im Profil auf Taf. I) das nachweislich älteste Gebilde der Hochfläche. Er tritt im Bereiche derselben nur da zu Tage, wo Thäler tief einschneiden, und ist ein treuer Begleiter der Isar, aus deren Bette und Ufer er bei niedrigem Wasserstande an mehreren Punkten ansteht. Ueber dem Flinz, einem grauen, sandigen oder glimmerreichen, in tieferen Lagen mergeligen, zum Obermiocän gehörigen Thon von mehreren 100^m Mächtigkeit, lagert ein alpiner Diluvialkies (2 im Profil auf Taf. I), welcher häufig zu einer Nagelfluh verkittet, bei München aber lose ist und sich durch eine namhafte Beimengung von Sand auszeichnet. Dieser sandige Kies wird nun stellenweise überdeckt: entweder von Löss, einem hier local kalkfreien oder auch sandigen, an organischen Bestandtheilen reichen, lockeren Thon, welcher dann gewöhnlich flache Bodenauflagerungen bildend hervorragt (3 bei *D* im Profil auf Taf. I), — oder aber von einem im Mittel 6—8^m mächtigen, sehr groben alpinen Kies (4 im Profil auf Taf. I), welcher meist ziemlich arm an sandigen Partikeln ist und sich gegenüber dem unter ihm auftretenden Kies durch sein lockeres Gefüge auszeichnet.

Wo an dem nördlichen Zipfel der Hochfläche die Flüsse in dieselbe nicht oder nicht tief genug einschneiden und deswegen, d. h. in Folge mangelnder Drainage das Gebiet fortwährend durchfeuchtet bleibt, werden die erwähnten Gebilde noch durch mächtige Moorbildungen verhüllt. Wo hingegen im Süden die Hochfläche von Thälern ziemlich tief durchfurcht wird, sind die erwähnten Ablagerungen an den Thalgehängen bis zum Flinz herab blossgelegt und werden, wie auf der Höhe der Terrassen, so am Thalboden durch die jüngeren Anschwemmungen des Terrassen- und Alluvialkieses überlagert.

Wie wir sehen, spielen alle diese Ablagerungen im Bereich der Stadt München eine Rolle. Der im Untergrund allenthalben nachweisbare Flinz (Taf. I 1), der an der Isar zu Tage tritt, hat eine unregelmässige, keineswegs der Oberfläche parallel gehende Ausbreitung: er ist auch am Fusse der mit *B* bezeichneten Thalterrasse (Petersberg) nachgewiesen worden. Der ältere sandige Kies (Taf. I 2), gleichfalls weit verbreitet, ist besonders durch tiefe Gruben auf der Hochfläche behufs Sandgewinnung aufgeschlossen und ist wahrscheinlich in der Tiefe der Thalterrassen entwickelt. Der (hier für Wasser undurchlässige) Löss bildet den Grund eines Theiles der östlichen Vorstadt von München (Haidhausen) (Taf. I 3 *D*), wo eine sanfte Erhebung von ihm bedeckt ist. Der grobe, jüngere Kies (Taf. I 4) ist die Grundlage der auf die Hochfläche hinausgebauten Vororte Münchens mit Ausnahme der erwähnten lössbedeckten Erhebung bei Haidhausen. Terrassen- und Alluvialkies (Taf. I 5 u. 6) sind dagegen die unmittelbaren Unterlagen des grössten Theiles der eigentlichen Stadt.

Da alle jene Gebilde besonderen Zeitabschnitten in der Bildung der Gegend entsprechen und keine continuirliche Ablagerung bilden, so ist einleuchtend, dass sie nicht völlig regelmässig über einander geschichtet sind. Ihre gegenseitigen Grenzen verlaufen unregelmässig und können nur durch sorgfältige, detaillirte Untersuchungen genau fixirt werden.

So interessant nun aber auch in geologischer Beziehung diese Grenzen sein mögen, so hat doch in hygienischer Beziehung nur eine derselben grössere Bedeutung; es ist die Grenze des Flinzes gegen die jüngeren Schichten, da ihm die Rolle der für Wasser undurchlässigen Schicht zukommt. Seine Ausbreitung, sein Niveau ist daher von wesentlichem Einfluss auf den Grundwasserstand; das in den Boden eindringende Wasser wird sich auf demselben ansammeln und natürlicherweise seinen nicht unerheblichen, von der Oberflächenconfiguration unabhänigen Niveauschwankungen bis zu einem gewissen Grade folgen müssen. Das vorliegende Profil zeigt z. B., dass der Flinz bei München, abgesehen von dem durch die Isar bewirkten Einschnitt, unterhalb der Terrasse und westlich vom Isarthal selbst ein Thal (oder mindestens eine Mulde) bildet (Taf. I *E*), das durch einen unterirdischen, von Südost nach Nordwest verlaufenden Flinzhügel von der dem Isarthal entsprechenden Depression des Flinzes getrennt ist. Leider verfügen wir noch nicht über die genügende Anzahl von Bohrungen, um entscheiden zu können, ob dieses Verhältniss sich über grössere subterrane Strecken ausdehnt. Jedenfalls hat dies dann zur Folge, dass das Grundwasser an einzelnen Stellen einen viel tieferen Stand bewahrt als an unmittelbar benachbarten, ferner dass eine minder schnelle Ausgleichung der Grundwasserströmungen in diesen Gegenden erfolgt, wie dies auch Temperaturbestimmungen des Grundwassers erweisen. Auch die Ausbreitung der Isarschwankungen nach Westen wird durch einen derartigen Flinzwall verhindert.

Wir haben in das Profil auch die Darstellung des höchsten Grundwasserstandes aus dem Jahre 1876 (29. April 1876) aufgenommen. Wir sehen, wie das Grundwasser von beiden Seiten der Hochfläche gegen die Isar zu abfällt, aber nicht gleichmässig. In der östlichen Hälfte nimmt die Höhe des Grundwasserspiegels sehr allmählich ab, um an dem steilen Abfall der Höhe gleichfalls jäh der Isar zuzufliessen, dort zahlreiche Quellen bildend (*e*). Im Westen haben wir zuvörderst auch einen allmählichen Abfall (*a*—*b*), der dann etwas steiler wird (*b* — *c*), um oberhalb der Mulde fast in eine Horizontale (*c* — *d*) überzugehen. Im Thal selbst liegt das Grundwasser in der Stauhöhe des Flusses, der Oberfläche sehr nahe. Wir beschränken uns auf diese kurze Andeutung, da ein tieferes Eingehen auf diese Verhältnisse uns von unserem Gegenstande zu weit abführen würde.

Wenn wir nun die oben geschilderten vier Strassengruppen in dieses geologische Schema einzutragen versuchen, so erhalten wir folgendes Bild.

Von der I. Gruppe, den 43 besielten Strassen, deren Besielung 1869 vollendet worden, liegen sämmtliche bis auf 4 auf der Terrasse (Taf. I *B*). Diese 4 Strassen fallen theils in die Abdachung der Terrasse, theils gehören sie direct dem Thalboden an. Da nun sämmtliche Strassen der II. Gruppe dem Thalboden (Taf. I *C*) angehören, so schliessen wir an sie auch noch diese 4 Strassen der I. Gruppe und bekommen auf diese Weise zwei Objecte, die mit gleichen sanitären Einrichtungen versehen, verschiedenen geologischen Charakter besitzen. Die III. Gruppe, die 77 Strassen mit alten Kanälen umfassend, besitzt keinen so einheitlichen, geologischen Charakter; die ihr angehörenden Strassen gehören zwar auch theilweise dem Thalboden (*C*) an, aber ein nicht unwesentlicher Theil liegt auf der Terrasse (*B*), zum Theil wieder über dem unterirdischen Flinzthale oder der Flinzmulde. Was nun die IV. Gruppe anlangt, die strassenreichste, so gehören diese Strassen sowohl der Terrasse *B*, als auch den beiden Höhen *A A* an, ja ein Theil erstreckt sich auch über den Hügel *D* und nur sehr vereinzelte, kleinere zählen auch zu dem Thalboden *C*. —

Nach dieser Schilderung der als Substrat dienenden Localität ist es nöthig, auch einige Worte über das statistische Material zu sagen. Als Grundlage dienten mir die Aufzeichnungen des städtischen statistischen Bureaus zu München, die mir mit der grössten Bereitwilligkeit zur Verfügung gestellt worden waren. Es lagen mir die Todesfälle der letzten 6 Jahre (1875—80) vor, und zwar nach den einzelnen Häusern registrirt, wobei auch in Betracht gezogen war, dass ein jeder in den Krankenhäusern erfolgte Todesfall in dasjenige Haus eingezeichnet wurde, in dem die Erkrankung erfolgt war. Ich zog nun für meine Untersuchungen in Betracht: die Mortalität im Allgemeinen und die Sterblichkeit an zymotischen Krankheiten, zu denen Pocken, Masern, Scharlach, Diphtheritis mit Croup, Keuchhusten, Unterleibstyphus, Flecktyphus, asiatische Cholera, Ruhr, Kindbettfieber und einige andere Infectionskrankheiten gezählt wurden (Tuberculose erscheint nicht als Infectionskrankheit aufgefasst). Sodann wurde noch die Sterblichkeit der Kinder im ersten Lebensjahre, die allgemeine Sterblichkeit bei Ausschluss der Kindersterblichkeit, die Sterblichkeit an Diphtheritis und die an Abdominaltyphus untersucht. Von diesen Todesfällen wurden die Summen für die letzten 6 Jahre berechnet und in Beziehung gebracht zur Durchschnittsbevölkerung der Jahre 1875 bis 80. —

Es wird hier der Versuch gemacht, aus den Mortalitätsverhältnissen Schlüsse auf die Salubrität zu ziehen. Zuverlässiger wäre natürlich eine genaue Morbiditätsstatistik, auf die wir leider noch immer verzichten müssen, die aber auch mit Rücksicht auf die Diagnose grosse Schwierigkeiten darbieten würde; auch wäre eine gleichzeitige Berücksichtigung der Geburtsverhältnisse stets von grosser Bedeutung. Immerhin können wir wohl erwarten, dass bei derartigen Vergleichen schon die Mortalitätsverhältnisse allein einige Aufklärung gewähren.

Es handelte sich nur noch um die Bevölkerungsziffer, die den Untersuchungen zu Grunde gelegt werden sollte. Da in den Jahren 1875 und 1880 Volkszählungen stattgefunden hatten, so liess sich die Bevölkerungsziffer (Civilbevölkerung) genau feststellen; und da mir sogar die Zahlen für die einzelnen Häuser zur Verfügung standen, so konnte ich auch jene Fehler, die sich durch eventuelle Umnummerirungen hätten ergeben können, eliminiren [1]). Nur einem Umstande musste Rechnung getragen werden. 1877 wurde die Vorstadt Sendling mit einer Einwohnerzahl von 6593 in München einverleibt. Ich berechnete deshalb zuerst die Bevölkerung in den einzelnen Jahren 1875—80 ohne Sendling durch Interpolation (Tab. I Col. 7) und addirte sodann von 1877 an die Zahl für Sendling, wie sie für die einzelnen Jahre bekannt war (Tab. I Col. 8). Es ergeben sich also für die Bevölkerung der einzelnen Strassencomplexe folgende Zahlen (die Zahlen der Volkszählung sind fett gedruckt):

---

1) Eine Differenz, die sich zwischen dem Resultate dieser Berechnung und dem zur Zeit der Abfassung des Manuscriptes noch nicht vollständig vorgelegenem Resultate der Volkszählung ergibt, beträgt nicht einmal ein halbes Procent (0,45 %) und hat ihren Grund in der verschiedenen Art und Weise, wie die Ausscheidung der Militärbevölkerung vorgenommen wurde. Sie ist nicht im Stande, das Resultat der folgenden Berechnungen in irgendwie beachtenswerther Weise zu alteriren.

Tabelle I.

Civilbevölkerung Münchens 1875—80.

Jahr	I. Gruppe	II. Gruppe	III. Gruppe	IV. Gruppe		Gesammtbevölkerung	
	Strassen mit Sielen auf der Terrasse	Strassen mit Sielen im Thal	Strassen mit alten Kanälen	Strassen ohne Kanäle ohne Sendling	Strassen ohne Kanäle mit Sendling	ohne Sendling	mit Sendling
Col. 1	2	3	4	5	6	7	8
1875	**50841**	**10700**	**50003**	**74801**	**74801**	**186345**	186345
1876	51862	10639	50819	79233	79233	192551	192551
1877	52882	10577	51634	83664	90257	198758	205351
1878	53902	10516	52450	88096	95116	204965	211985
1879	54923	10454	53266	92528	99743	211172	218387
1880	**55943**	**10393**	**54082**	**96960**	**104484**	**217378**	**224902**
Summe	320353	63279	312254	515282	543634		1239521
6 jähriger Durchschnitt	53392	10546	52042	85880	90606		206587

Für einen Fall musste noch vorgesehen werden. Eine jede Stadt hat eine gewisse Anzahl grösserer Anstalten, worin Kinder, Greise, Gebrechliche und Kranke d a u e r n d verpflegt werden; Anstalten, in denen meist eine grössere Anzahl von Sterbefällen sich ereignet; sind nun diese Anstalten in München nicht regelmässig auf die geschilderten vier Strassengruppen vertheilt, so könnte dadurch leicht ein Missverhältniss herrorgerufen, ein irriges Resultat herbeigeführt werden. Um dies zu vermeiden, mussten die Todesfälle dieser Anstalten und auch die Bevölkerung derselben eliminirt werden; die Bevölkerungsziffer wurde hierdurch eine andere, wenn auch die Aenderung keine bedeutende war. Es war in diesem Falle:

Tabelle II.

Civilbevölkerung Münchens 1875—80 excl. Anstalten.

Jahr	I. Gruppe	II. Gruppe	III. Gruppe	IV. Gruppe	Gesammtbevölkerung mit Sendling
	Strassen mit Sielen auf der Terrasse	Strassen mit Sielen im Thal	Strassen mit alten Kanälen	Strassen ohne Kanäle mit Sendling	
Col. 1	2	3	4	5	6
1875	50528	10569	48566	71507	181170
1880	55589	10290	52314	100877	219070
Durchschnitt 1875—80	53058	10429	50439	87155	201085

Ich füge hier noch das Bild über die Zunahme der Bevölkerung nach diesen Strassencomplexen an.

Tabelle III.

Zunahme der Bevölkerung in München 1875—80.

Charakter der Strassen	Zahl	Zunahme der Bevölkerung absolut	in % der Bevölkerungsziffer von 1875	in % der Zunahme der Gesammtbevölkerung
Col. 1	2	3	4	5
I. Gr. Strassen mit Sielen auf der Terrasse	39	5102	10	13,2
II. Gr. Strassen mit Sielen im Thal	17	— 607	— 5,6	— 1,5
III. Gr. Strassen mit alten Kanälen	77	4079	8,1	10,5
IV. Gr. Strassen ohne Kanäle .	320	29683	39,6	76,9
Die ganze Stadt . . .	453	38557	20,6	100

Die Gruppe IV, als jene, welche die meisten neuen Strassen in sich enthält, zeigt die grösste Bevölkerungszunahme, sie participirt an der Zunahme der ganzen Stadtbevölkerung mit nahezu 80 %. Gruppe I und III participiren ziemlich gleichmässig an der Zunahme, und nur Gruppe II, die besielten Strassen im Thal, zeigt eine geringe Abnahme, die sich leicht erklärt, da diese Gruppe im Centrum der Stadt gelegen ist, das nicht erweiterungsfähig ist und von wo aus sich, wie dies in grösseren Städten stets der Fall ist, ein Theil der Bevölkerung an die Peripherie hin wendet.

Führen wir nun den Vergleich der Sterblichkeitsverhältnisse nach den vier Strassengruppen hier durch, und zwar zuerst mit Rücksicht auf die allgemeine Sterblichkeit.

Nach unseren Zusammenstellungen starben innerhalb der letzten 6 Jahre 44590 Personen in München. Diese Zahl, die durch Summirung der Todesfälle nach einzelnen Häusern und Strassen gewonnen wurde, zeigt eine kleine Differenz gegenüber der Summe, die sich aus den Jahresberichten des statistischen Bureaus ergibt; doch übersteigt dieselbe nicht die Höhe von 2 %: ein Fehler, der wohl auch auf Rechnung der besonderen Art der Zusammenstellung des Materials kommt, durch welche noch Fälle als nicht zur Stadt gehörig zur Ausscheidung kommen, die sonst mitgezählt wurden.

Wir erhalten nun folgende Tabelle:

Tabelle IV.

Allgemeine Sterblichkeit in München 1875 — 80.

Charakter der Strassen	Zahl	Einwohner	Todesfälle 1875 — 80 absolut	Todesfälle 1875 — 80 auf 100000 Lebende	Jahresdurchschnitt absolut	Jahresdurchschnitt auf 100000 Lebende
Col. 1	2	3	4	5	6	7
I. Gr. Strassen mit Sielen auf der Terrasse . .	39	53329	8749	16386	1458	2731
II. Gr. Strassen mit Sielen im Thal	17	10546	1868	17712	311	2952
III. Gr. Strassen mit alten Kanälen	77	52042	11509	22114	1918	3685
IV. Gr. Strassen ohne Kanäle	320	90606	22464	24793	3744	4132
Die ganze Stadt . .	453	206587	44590	21586	7431	3597

Curve I (Tab. IV Col. 7).
Allgemeine Sterblichkeit.

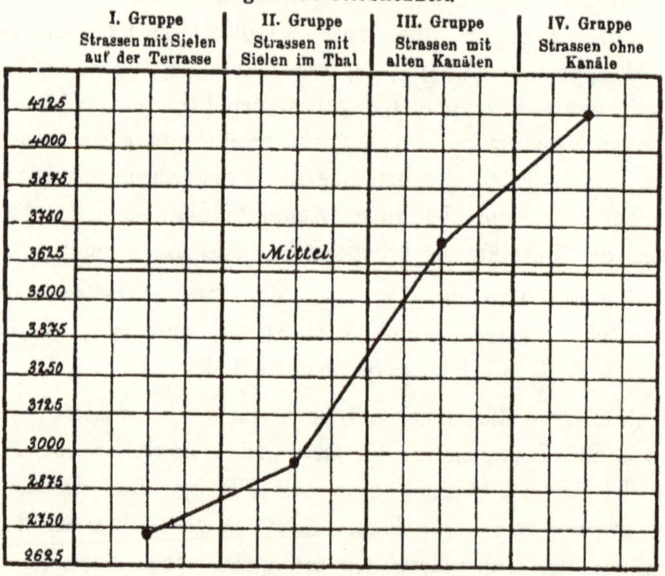

Noch übersichtlicher wird das Resultat dieses Vergleichs, wenn wir dasselbe graphisch verzeichnen (s. Curve I). Diese Curve, der Columne 7 unserer Tabelle entsprechend, stellt eine von der ersten bis zur vierten Gruppe mit grösserer oder geringerer Steilheit aufsteigende Linie dar, so dass die Strassen mit Sielen die günstigsten, die ohne Kanäle die allerungünstigsten Mortalitätsverhältnisse darbieten. Daraus kann nun selbstverständlich noch kein Schluss auf die sanitären Vortheile der Besielung abgeleitet werden; dazu sind die vier Strassengruppen zu ungleichmässig, zu wenig homogen, sowohl mit Rücksicht auf ihre Lage als auch auf ihre Bevölkerung resp. Bevölkerungszunahme, ihre Häuser etc.; doch kann vielleicht schon eine Vermuthung sich aufdrängen, dass nämlich in der Besielung zum Mindesten keine bedeutenden sanitären Nachtheile gelegen sein können. Auch liessen sich wenigstens zwei Gruppen mit einander in Vergleich stellen: die Strassen mit Sielen im Thal und die mit alten Kanälen; diese sind in Bezug auf ihre Bevölkerung, das Alter der Strassen und Häuser, zum grossen Theil auch auf ihre Lage, höchst ähnlich, und da würde denn das Resultat bereits sehr zu Gunsten der Verhütung der Bodenverunreinigung sprechen. Doch werden sich im Laufe der weiteren Besprechungen wohl noch andere Anhaltspunkte finden lassen.

Wir haben nun zu untersuchen, ob die soeben entwickelte Reihenfolge nicht eine wesentliche Aenderung erleidet, wenn man die grossen Anstalten ausscheidet, da es sich bei diesen um eine Mortalitätsziffer von über 3000, also mehr als 7 % handelt.

Nach erfolgter Elimination erhalten wir folgende in Tab. V enthaltene Zahlenreihe sammt der entsprechenden Curve.

Tabelle V.

Allgemeine Sterblichkeit in München 1875—80 nach Ausscheidung der Heil- und Pflegeanstalten.

Charakter der Strassen	Zahl	Einwohner	Todesfälle 1875—80 absolut	Todesfälle 1875—80 auf 100000 Lebende	Jahresdurchschnitt absolut	Jahresdurchschnitt auf 100000 Lebende
Col. 1	2	3	4	5	6	7
I. Gr. Strassen mit Sielen auf der Terrasse . .	39	53058	8692	**16373**	1448	**2729**
II. Gr. Strassen mit Sielen im Thal	17	10429	1744	**16722**	291	**2787**
III. Gr. Strassen mit alten Kanälen	77	50439	10334	**20488**	1722	**3414**
IV. Gr. Strassen ohne Kanäle	320	87155	20692	**23741**	3449	**3957**
Die ganze Stadt . .	353	201058	41462	**20621**	6910	**3437**

Curve II (Tab. V Col. 7).
Allgemeine Sterblichkeit nach Ausscheidung der Heil- und Pflegeanstalten

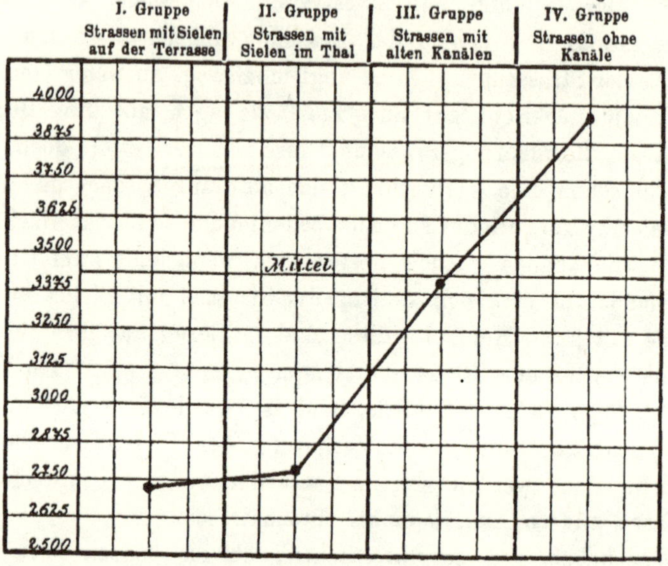

Wenn wir diese Zahlen mit den ersten vergleichen, oder was noch übersichtlicher ist, wenn wir die dieser Tabelle (Columne 7) entsprechende Curve der ersten gegenüber halten, so sehen wir, dass der Gang der Curve im Grossen und Ganzen keine Aenderung erleidet, nur die Steilheit, mit der das Ansteigen erfolgt, wird modificirt. So wird die Differenz in den zwei Gruppen des Sielsystems eine weit geringere, hauptsächlich durch den Ausfall des Kinderspitals, das in die II. Gruppe fällt. Auch die Differenz zwischen der II. und III. Gruppe ist geringer, das Ansteigen ein allmählicheres, da in der III. Gruppe die Gebäranstalt sowie einige Kranken- und Pfründneranstalten die Sterblichkeitsziffer anschwellen lassen. Dagegen tritt in der IV. Gruppe eine geringe Erhöhung der Steilheit der Curve auf, weil in diesem Bezirke die Zahl der Todesfälle in den Anstalten im Verhältniss zu der Zahl derselben in den anderen Gruppen und zur Einwohnerzahl dieser Gruppe eine niedrige ist. Die Uebereinstimmung ist also im Ganzen eine befriedigende.

Da wir uns nun in dieser Arbeit vorwiegend Rechenschaft darüber ablegen wollen, inwiefern der Boden und seine Reinerhaltung auf den Gesundheitszustand wirken kann, und nach dem jetzigen Stande unserer Anschauungen in der Pathogenese vorzüglich einzelne Infectionskrankheiten hierdurch beeinflusst werden können, deren Entwicklung und Ausbreitung an die Entwicklung und Vermehrung von Keimen gebunden scheint, die mit den Abfallstoffen des menschlichen Haushalts in den Boden, in die Luft gelangen, oder für welche der mit solchen Stoffen verunreinigte Boden ein günstiges Substrat abgibt, so haben wir von diesen Gesichtspunkten aus auch das Verhalten der Infectionskrankheiten untersucht und gelangten hierbei zu folgendem Bilde.

Tabelle VI.

Sterblichkeit an zymotischen Krankheiten in München 1875—80.

Charakter der Strassen	Zahl	Einwohner	Todesfälle 1875—80 absolut	Todesfälle 1875—80 auf 100000 Lebende	Jahresdurchschnitt absolut	Jahresdurchschnitt auf 100000 Lebende
Col. 1	2	3	4	5	6	7
I. Gr. Strassen mit Sielen auf der Terrasse . .	39	53329	771	1444	128	241
II. Gr. Strassen mit Sielen im Thal	17	10546	166	1574	28	262
III. Gr. Str. m. alten Kanälen	77	52042	858	1648	143	275
IV. Gr. Str. ohne Kanäle .	320	90606	1760	1942	293	324
Die ganze Stadt . .	453	206587	3555	1728	592	228

Curve III (Tab. VI Col. 7).
Sterblichkeit an zymotischen Krankheiten.

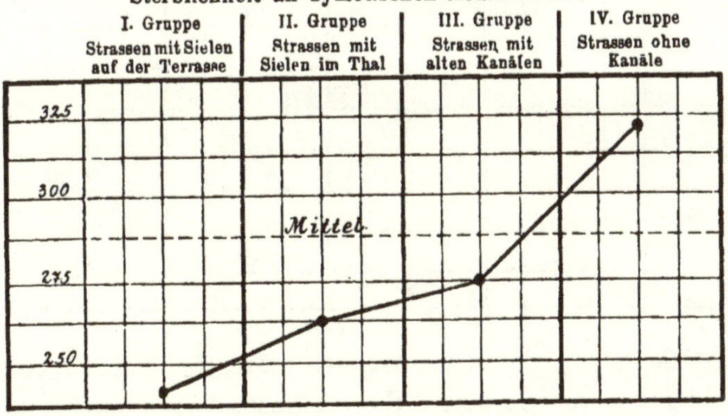

Ein Studium der Tabelle und der dieselbe (Columne 7) versinnlichenden Curve führt zu ganz analogen Resultaten, wie sie sich bei der allgemeinen Sterblichkeit ergaben. Die beiden ersten Gruppen der **besielten** Strassen sind am günstigsten in ihren Sterblichkeitsverhältnissen situirt, dann folgen die Strassen mit alten Kanälen, dann die ohne Kanäle. Hier erhielt jedoch das Bild durch Elimination der Anstalten ein etwas anderes Gepräge.

Tabelle VII.

Sterblichkeit an zymotischen Krankheiten in München nach Ausscheidung der Heil- und Pflegeanstalten.

Charakter der Strassen	Zahl	Einwohner	Todesfälle 1875—80 absolut	Todesfälle 1875—80 auf 100000 Lebende	Jahresdurchschnitt absolut	Jahresdurchschnitt auf 100000 Lebende
Col. 1	2	3	4	5	6	7
I. Gr. Strassen mit Sielen auf der Terrasse . .	39	53085	768	**1446**	128	**241**
II Gr. Strassen mit Sielen im Thal	17	10429	144	**1380**	26	**230**
III. Gr. Str. m. alten Kanälen	77	50439	833	**1651**	139	**275**
IV Gr. Str. ohne Kanäle .	320	87155	1686	**1934**	281	**322**
Die ganze Stadt . .	453	201058	3431	**1706**	572	**284**

Curve IV (Tab. VII Col. 7).

Sterblichkeit an zymotischen Krankheiten nach Ausscheidung der Heil- und Pflegeanstalten.

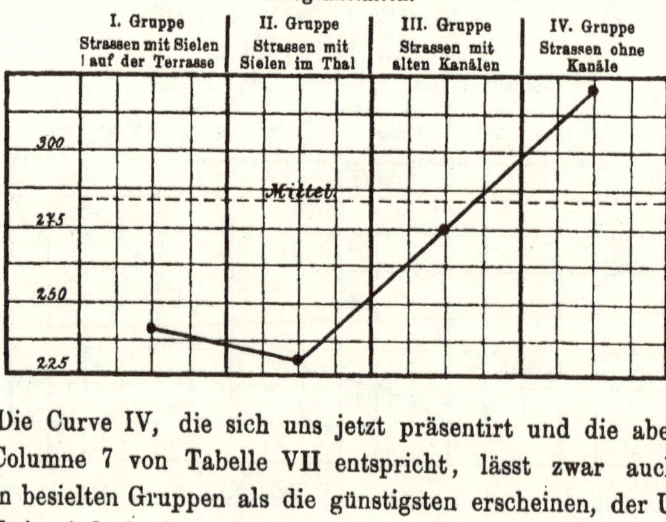

Die Curve IV, die sich uns jetzt präsentirt und die abermals der Columne 7 von Tabelle VII entspricht, lässt zwar auch die beiden besielten Gruppen als die günstigsten erscheinen, der Unterschied ist jedoch der, dass die II. Gruppe (besielte Strassen im

Thal) die geringste Mortalität besitzt, dass ferner die Mortalität in der III. und IV. Gruppe viel steiler ansteigt. Wenn man also der Reinhaltung des Bodens wirklich einen Einfluss auf die Verminderung der zymotischen Krankheiten zuschreiben will, so haben wir in diesem Befunde zum mindesten keinen Widerspruch; der Unterschied zwischen den Strassengruppen der beiden Sielsysteme ist auch so geringfügig, dass auf denselben kein Gewicht gelegt werden kann.

Eines könnte auch bei Würdigung der Ergebnisse dieser zwei resp. vier Tabellen hervorgehoben werden: man könnte verlangen, es sollte die Dichtigkeit und die Wohlhabenheit der Bevölkerung auch mit in Betracht gezogen werden. Leider verfüge ich in dieser Richtung nicht über das nöthige Material. Man könnte vielleicht der Frage nach der Dichtigkeit in der Weise nahe treten, dass man die Einwohnerzahl berücksichtigte, die in den einzelnen Strassencomplexen je auf ein Haus entfällt. Wenn wir diese Berechnung vornehmen, so erhalten wir:

Tabelle VIII.

Charakter der Strassen	Zahl	Einwohner 1875	Einwohner 1880	Häuser 1875	Häuser 1880	Auf ein Haus entfallen Einwohner 1875	Auf ein Haus entfallen Einwohner 1880	Auf ein Haus entfallen Einwohner im Mittel
Col. 1	2	3	4	5	6	7	8	9
I. Gr. Strassen mit Sielen auf der Terrasse	39	50528	55589	1474	1659	34,3	33,4	33,8
II. Gr. Strassen mit Sielen im Thal . . .	17	10569	10290	389	396	27,2	26,0	26,5
III. Gr. Strassen mit alten Kanälen . .	77	48566	52314	1932	2044	25,1	25,5	25,3
IV. Gr. Strassen ohne Kanäle	320	71507	100877	3885	4652	18,4	21,6	20,1
Die ganze Stadt . .	453	181170	219070	7680	8751	23,5	25,0	24,3

Diese Zahlen sind in keinerlei Weise mit den Sterblichkeitsdaten in Einklang zu bringen. Während die Sterblichkeit in den Gruppen III und IV die grösste ist, ist die Einwohnerzahl, die hier auf ein Haus entfällt, die geringste, und umgekehrt bei Gruppe I und II. Aber es ist dabei zu beachten, dass diese Zahlen eben nicht den richtigen Ausdruck der Bevölkerungsdichtigkeit geben, solange nicht die Grösse der Häuser und der einzelnen Räume bekannt ist. Die geringe Zahl der Hauseinwohner in Gruppe IV erklärt sich zum Theil daraus, dass sich in diesen Strassen eine Menge sehr kleiner Häuser befindet, die von einer ärmeren Bevölkerung recht dicht bevölkert sind. Die hohe Zahl in Gruppe IV hat wieder darin ihren Grund, dass hier die neuen grossen, vielstöckigen Häuser und Miethkasernen sich befinden, die eine viel grössere Anzahl von Menschen beherbergen können, ohne dass die letzteren so zusammengedrängt sind, wie in den kleineren, oft übervölkerten Häusern.

Es sei an dieser Stelle auch ein kleiner Beitrag zur Frage nach der Wohlhabenheit geliefert, der vielleicht klar macht, dass die Differenzen in den Mortalitätsverhältnissen nicht allein auf die verschieden grosse Wohlhabenheit der Bewohner der einzelnen Strassengruppen bezogen werden können. Wir können die 19 Bezirke, in welche die Stadt München eingetheilt ist, nach unseren vier Strassengruppen zusammenstellen und erhalten dann folgende Eintheilung, die freilich nur als eine annähernde anzusehen ist.

I. Gruppe, Strassen mit Sielen auf der Terrasse, entspricht: Bezirk V. VI. IX.
II. „ „ „ „ im Thal, entspricht: Bezirk I.
III. „ „ „ alten Kanälen, entspricht: Bezirk II. III. IV. XII. XVI.
IV. „ „ ohne Kanäle, entspricht: Bezirk VII. VIII. X. XI. XIII. XIV. XV. XVII. XVIII. XIX.

Für die Wohlhabenheit haben wir nun einen indirecten Maassstab an dem Verhältniss der Dienstboten zur Gesammtbevölkerung des Bezirkes[1]). Je grösser die Wohlhabenheit, desto grösser die Zahl derjenigen Bevölkerungsklasse, die dazu bestimmt ist, für die Bequemlichkeit der Menschen zu sorgen. Wir bringen diese Verhältnisszahlen in absteigender Reihenfolge geordnet zum Ausdruck, und zwar sowohl mit Rücksicht auf beide Geschlechter gemeinschaftlich (erste Reihe) als auch mit Rücksicht auf das weibliche Geschlecht im Besonderen (zweite Reihe). Gerade in letzterer Reihe kommt das Wohlstandsverhältniss am treffendsten zum Ausdruck.

---

1) Mittheilungen des statist. Bureaus der Stadt München Bd. 2 S. 123.

Tabelle IX.

Reihenfolge für die procentuale Vertheilung der Dienstboten nach Stadtbezirken.

Absteigende Reihe des procentualen Verhältnisses der Dienstboten zur Einwohnerzahl des Bezirks:

für beide Geschlechter . . . . . IV. VI. I. III. V. II. XII. XIII. || IX. VIII. XI. X. XVI. XVII. VII. XIV. XVIII. XIX. XV. Bezirk;

für das weibliche Geschlecht allein . IV. I. VI. V. III. XII. II. XIII || IX. VIII. XI. X. XVI. VII. XVII. XIV. XVIII. XIX. XV. Bezirk.

Der senkrechte Doppelstrich trennt jene Bezirke, deren Procentantheile über dem Mittel der ganzen Stadt stehen, von den übrigen.

Da sehen wir, dass wohl die Strassengruppen I und II über dem Mittel stehen, nicht minder aber auch die Gruppe III, die sogar den nach dieser Auffassung reichsten, vierten Bezirk in sich schliesst. Trotzdem aber ist diese Gruppe mit Rücksicht auf die allgemeine Sterblichkeit und die Sterblichkeit an zymotischen Krankheiten weit schlechter bestellt als die I. und II. Gruppe. Wir wollen diese Wohlstandsverhältnisse der vier Strassengruppen auch für die späteren Verhältnisse im Auge behalten. —

Bei allen Untersuchungen, wo es sich um Mortalitätsverhältnisse handelt, muss der Kindersterblichkeit besondere Beachtung geschenkt werden. Wissen wir ja, dass durch sie die Mortalitätsziffer in einzelnen Städten, zu denen leider auch München gehört, ganz wesentlich beeinflusst wird. Es wurden deshalb sämmtliche Todesfälle, soweit sie Kinder bis zu einem Jahre betrafen, nach den bereits angedeuteten Grundsätzen gruppirt. Ich will nicht verhehlen, dass die hier zur Anwendung gebrachte Berechnung (auf die Gesammtzahl der Lebenden) nicht der richtige Ausdruck der Kindersterblichkeit ist, dass vielmehr eine Beziehung zu den Geburten hätte hergestellt werden sollen. Es waren nicht die Schwierigkeiten, eine genaue Statistik der Geburten nach Häusern herzustellen, die mich davon abgehalten haben, sondern die Absicht, analoge Verhältnisse zum Vergleich mit den anderen Tabellen zu erhalten und durch diese Berechnung vor allem die allgemeine Sterblichkeit zu rectificiren. Hervorgehoben sei noch, dass hier die Differenz in den Zählungsresultaten (einmal nach Häusern, sodann nach den jährlichen Veröffentlichungen des statistischen Bureaus) kaum 1 % betrugen. Fassen wir also die Resultate wieder in eine resp. zwei Tabellen zusammen, so erhalten wir:

Tabelle X.

Kindersterblichkeit in München 1875—80.

Charakter der Strassen	Zahl	Einwohner	Todesfälle 1875—80 absolut	Todesfälle 1875—80 auf 100000 Lebende	Jahresdurchschnitt absolut	Jahresdurchschnitt auf 100000 Lebende
Col. 1	2	3	4	5	6	7
I. Gr. Strassen mit Sielen auf der Terrasse . .	39	53329	3764	**7049**	627	**1175**
II. Gr. Strassen mit Sielen im Thal	17	10546	705	**6685**	117	**1114**
III. Gr. Strassen mit alten Kanälen	77	52042	4933	**9478**	822	**1579**
IV. Gr. Strassen ohne Kanäle	320	90606	10586	**11683**	1764	**1947**
Die ganze Stadt . .	453	206587	19988	**9675**	3331	**1612**

Curve V (Tab. X Col. 7).
Kindersterblichkeit.

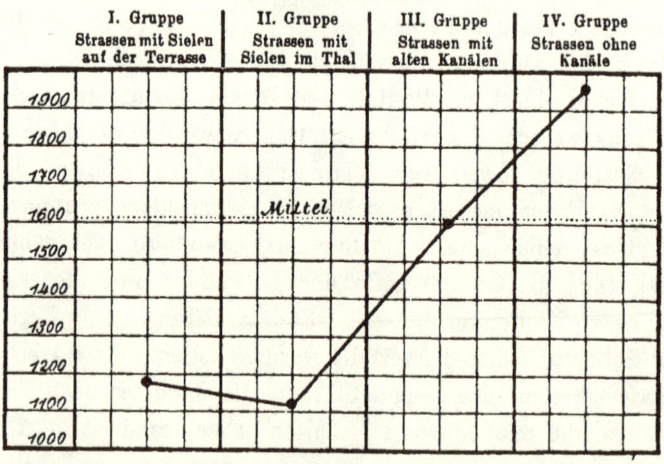

Beide Tabellen und die denselben (Columne 7) entsprechenden Curven V und VI fügen sich harmonisch in das bisher entrollte

Tabelle XI.

Kindersterblichkeit in München 1875—80 nach Ausscheidung der Heil- und Pflegeanstalten.

Charakter der Strassen	Zahl	Einwohner	Todesfälle 1875—80 absolut	Todesfälle 1875—80 auf 100000 Lebende	Jahresdurchschnitt absolut	Jahresdurchschnitt auf 100000 Lebende
Col. 1	2	3	4	5	6	7
I. Gr. Strassen mit Sielen auf der Terrasse . .	39	53085	3764	**7090**	627	**1181**
II. Gr. Strassen mit Sielen im Thal	17	10429	674	**6462**	112	**1077**
III. Gr. Strassen mit alten Kanälen	77	50439	4600	**9119**	766	**1519**
IV. Gr. Strassen ohne Kanäle	320	87155	10552	**12107**	1759	**2018**
Die ganze Stadt . .	453	201058	19590	**9742**	3265	**1624**

Curve VI (Tab. XI Col. 7).

Kindersterblichkeit nach Ausscheidung der Heil- und Pflegeanstalten.

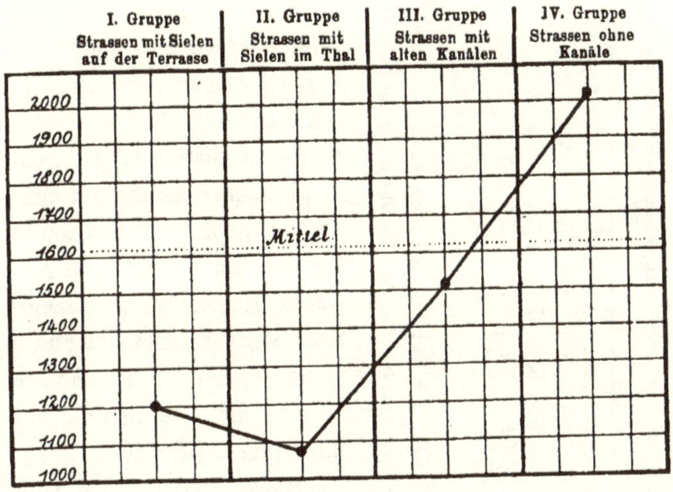

Bild ein; wieder sind es die beiden ersten, besielten Strassengruppen, welche die geringste, die beiden letzten mit schlechten Kanälen versehenen oder nicht kanalisirten Gruppen, welche die höchste Mortalität besitzen; eine Ausscheidung der Anstalten, die vorwiegend auf Gruppe II (Kinderspital) und Gruppe III (Gebär-

Tabelle XII.

Reihenfolge der Geburtsziffer von München nach Stadtbezirken.

Jahr	1	2	3	4	5	6	7	8	9	10	11	12	13	14	15	16	17	18
1875	XVIII	VII	XIV	XVI	VIII	XV	IX	XVII	X	XI	XIII	II	III	XII	VI	I	V	IV
1876	XVIII	VII	XV	X	XIV	XVI	XI	VIII	XVII	XIII	IX	XII	VI	II	I	III	V	IV
1877[1])	VII	XVIII	X	XV	XIV	XVI	XI	III	VIII	XVII	IX	VI	XII	XIII	II	I	V	IV
1878[1])	VII	X	XVIII	XV	XIV	XI	XVI	XVII	III	VIII	IX	XII	VI	XIII	II	I	V	IV
1879[1])	VII	X	XVIII	XI	XV	XVI	III	VIII	XIV	XII	IX	VI	XVII	II	XIII	I	V	IV

1) Der XIX. Bezirk, die Vorstadt Sendling umfassend, wurde erst 1877 geschaffen und ist deshalb nicht in diese Reihen aufgenommen; seine Geburtsziffer ist eine der höchsten, so dass er sich 1877 und 1879 an zweiter, 1878 an dritter Stelle befindet.

anstalt) fallen, lässt die Mortalität in der IV. Gruppe besonders steil ansteigen.

Mit Sicherheit geht jedenfalls aus den hier erörterten Verhältnissen hervor, dass die Kanalisation nicht in der Weise mit der Kindersterblichkeit in Zusammenhang gebracht werden kann, wie dies von mancher Seite gethan wurde: als würde durch sie besonders die Diarrhöe verbreitet, jene Krankheit oder auch nur jenes Krankheitssymptom, das in der Rubrik der Todesursachen bei Kindern eine so grosse Rolle spielt.

Einige Beziehungen zwischen Kindersterblichkeit und Kinderreichthum der einzelnen Strassengruppen seien noch hervorgehoben. Es liegt ja nahe anzunehmen, dass in den kinderreichsten Districten die grösste, in den kinderarmen die geringste Kindersterblichkeit herrschen müsse. Ich habe auf S. 24 darauf hingewiesen, dass unsere vier Strassengruppen nach Stadtbezirken sich zusammenstellen lassen. Dem entsprechend zeigten die Gruppen folgende annähernde Zusammensetzung:

I. Gruppe, Strassen mit Sielen auf der Terrasse, Bezirk: V. VI. IX.

II. Gruppe, Strassen mit Sielen im Thal, Bezirk: I.

III. Gruppe, Strassen mit alten Kanälen, Bezirk: II. III. IV. XII. XVI.

IV. Gruppe, Strassen ohne Kanäle, Bezirk: VII. VIII. X. XI. XIII. XIV. XV. XVII. XVIII. XIX.

Für die Jahre 1875—79 liegt in diesen Bezirken die sog. Geburtsziffer, d. h. das Verhältniss der Lebendgeborenen auf je 1000 Einwohner des Bezirkes, vor; gruppirt man diese Bezirke mit Rücksicht auf die Höhe der Geburtsziffer in abnehmender Ordnung, so erhält man für die einzelnen Jahre vorstehende Reihenfolge, die auf Tab. XII ersichtlich ist.

Die arabischen Ziffern der ersten Columne geben die Reihenfolge an, die römischen Ziffern sind die Nummern der Stadtbezirke, die Doppelstriche trennen jene Bezirke, deren Procentantheile über dem Mittel der ganzen Stadt stehen, von den übrigen. Der Parallelismus ist unverkennbar. Dort, wo die Geburtsziffer unter dem Mittel bleibt, wie in Gruppe I, II und III, erreicht auch die Kindersterblichkeit das Mittel nicht.

Bei Gruppe III erreicht jedoch die Mortalitätsziffer eine etwas unverhältnissmässige Höhe, denn gerade in diese Gruppe fällt ein Bezirk, der in Folge seiner socialen und confessionellen Verhältnisse eine sehr niedrige Kindersterblichkeit hat, die also dann von einer viel höheren der anderen Bezirke compensirt werden muss.

Wir können aber jetzt noch einmal zurückgreifen auf die Gesammtsterblichkeit und diese nach Ausscheidung der Kinder unter einem Jahre betrachten. Der Einfachheit halber wollen wir hier gleich die Ausscheidung der Heil- und Pflegeanstalten vornehmen. Wir erhalten dann nachstehende Tabelle und Curve:

Tabelle XIII.

Allgemeine Sterblichkeit in München nach Ausscheidung der Kindersterblichkeit.

Charakter der Strassen	Zahl	Einwohner	Todesfälle 1875—80 absolut	Todesfälle 1875—80 auf 100000 Lebende	Jahresdurchschnitt absolut	Jahresdurchschnitt auf 100000 Lebende
Col. 1	2	3	4	5	6	7
I. Gr. Strassen mit Sielen auf der Terrasse . .	39	53058	4928	**9287**	821	**1548**
II. Gr. Strassen mit Sielen im Thal	17	10429	1070	**10259**	178	**1710**
III. Gr. Strassen mit alten Kanälen	77	50439	5734	**11368**	956	**1895**
IV. Gr. Str. ohne Kanäle	320	87155	10140	**11634**	1690	**1939**
Die ganze Stadt . .	453	201058	21872	**10878**	3645	**1813**

Curve VII (Tab. XIII Col. 7).

Allgemeine Sterblichkeit excl. Kinder im ersten Jahre.

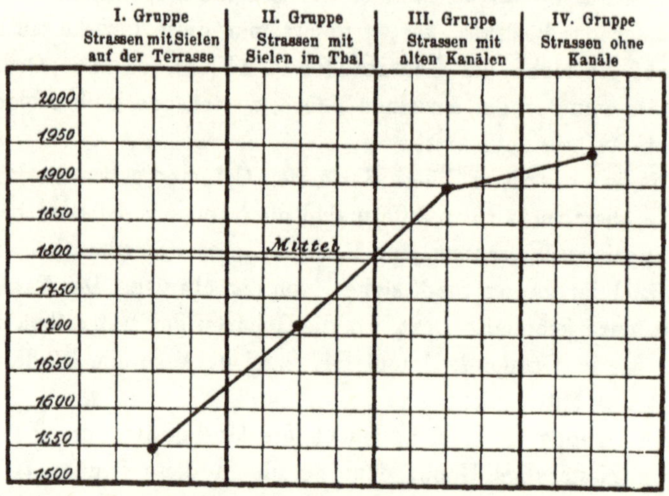

Das so gewonnene Resultat, besonders auch, wie es uns in der der Columne 7 entsprechenden Curve VII entgegentritt, zeigt vor allem, dass die Reihenfolge der Mortalitätsziffern durchaus nicht alterirt wird; während jedoch der Gegensatz zwischen Gruppe III und IV ein viel schwächerer wird, tritt eine etwas grössere Differenz zwischen den beiden Gruppen I und II auf. Da dieser Gegensatz, dieses Ansteigen nicht durch die zymotischen Krankheiten bedingt sein kann (vgl. Curve IV), so dürfte wohl hier an Tuberculose zu denken sein; doch können wir diese Frage nicht weiter verfolgen. Immerhin ist aber die Differenz zwischen Gruppe III und IV zusammen genommen (Strassen mit alten Kanälen und nicht kanalisirte Strassen) und Gruppe I und II zusammen genommen (besielte Strassen) grösser als zwischen den einzelnen Gruppen I und II oder III und IV; das Resultat ist also jedenfalls ein solches, dass es die an die frühere Darstellung der Mortalitätsverhältnisse (Tab. IV und V, Curve I und II) geknüpften Schlussfolgerungen nicht aufhebt, sondern nur noch besser begründet. —

Bei einer Infectionskrankheit wurden in neuerer Zeit besonders auffallende Beziehungen zwischen ihrer Ausbreitung und der Kanalisation gesucht, bei der Diphtheritis. Wohl kaum mit Recht, da nach den jetzt geltenden Anschauungen von der Art und Weise der Uebertragung dieser Infectionskrankheit ganz andere Momente maassgebend sein müssen.[1]) Auch München wird in neuerer Zeit, wie viele andere Städte, ziemlich stark von Diphtheritis heimgesucht und es lag deshalb nahe, die Untersuchung auch auf diese Krankheit auszudehnen. Die statistische Zusammenstellung, die auch die als Croup bezeichneten Todesfälle umfasst, lieferte folgende Zahlenreihen und Curven:

Tabelle XIV.

Diphtheritismortalität in München 1875—80.

Charakter der Strassen	Zahl	Einwohner	Todesfälle 1875 — 80 absolut	Todesfälle 1875 — 80 auf 100000 Lebende	Jahresdurchschnitt absolut	Jahresdurchschnitt auf 100000 Lebende
Col. 1	2	3	4	5	6	7
I. Gr. Strassen mit Sielen auf der Terrasse . .	39	53329	366	**685**	61	**114**
II. Gr. Strassen mit Sielen im Thal	17	10546	79	**749**	13	**125**
III. Gr. Strassen mit alten Kanälen	77	52042	329	**632**	55	**105**
IV. Gr. Strassen ohne Kanäle	320	90606	827	**912**	138	**152**
Die ganze Stadt . .	453	206587	1601	**775**	267	**129**

Curve VIII (Tab. XIV Col. 7).
Sterblichkeit an Diphtheritis.

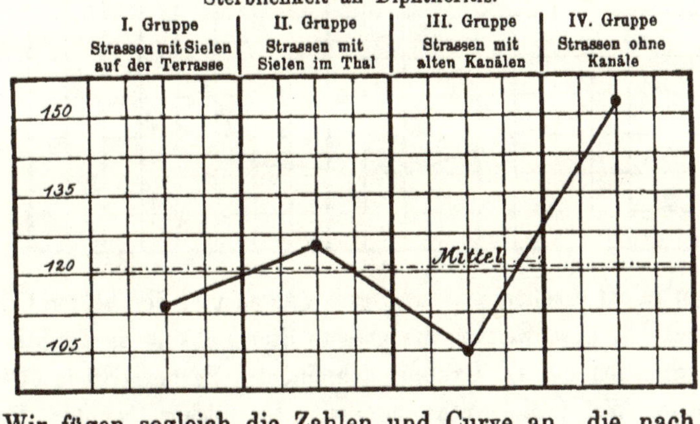

Wir fügen sogleich die Zahlen und Curve an, die nach Ausscheidung der Anstalten gewonnen wurden.

1) Vgl. Soyka. Kritik der gegen die Schwemmkanalisation erhobenen Einwände. München 1880. S. 55.

Tabelle XV.

Diphtheritismortalität in München 1875—80 nach Ausschluss der Heil- und Pflegeanstalten.

Charakter der Strassen	Zahl	Einwohner	Todesfälle 1875 — 80 absolut	Todesfälle 1875 — 80 auf 100000 Lebende	Jahresdurchschnitt absolut	Jahresdurchschnitt auf 100000 Lebende
Col. 1	2	3	4	5	6	7
I. Gr. Strassen mit Sielen auf der Terrasse . .	39	53058	366	**689**	61	**115**
II. Gr. Strassen mit Sielen im Thale	17	10429	66	**632**	11	**105**
III. Gr. Strassen mit alten Kanälen	77	50439	326	**646**	54	**107**
IV. Gr. Strassen ohne Kanäle	320	87155	825	**946**	137	**157**
Die ganze Stadt . .	453	201058	1583	**787**	264	**131**

Curve IX (Tab. XV Col. 7).

Sterblichkeit an Diphtheritis nach Ausscheidung der Heil- und Pflegeanstalten.

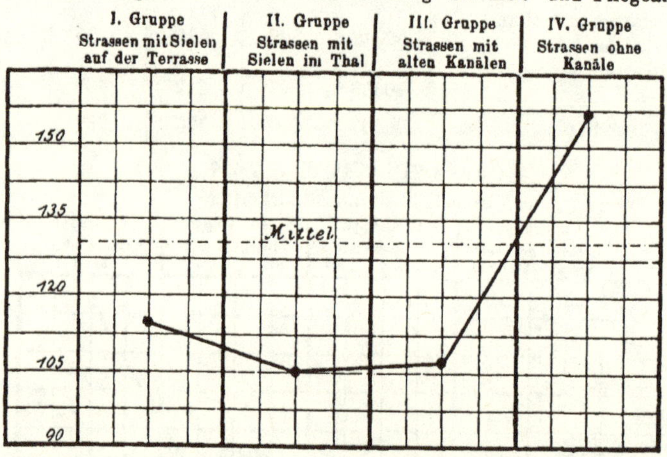

Vor allem ersehen wir aus diesen Zahlen und den beiden Curven VIII und IX, dass weitaus die grösste Sterblichkeit an Diphtheritis in den Strassen der IV. Gruppe sich findet. Ferner tritt in überaus lehrreicher Weise die Nothwendigkeit der bisher geübten Praxis hervor, die Anstalten auszuscheiden. Durch das in Gruppe II gelegene Kinderspital, in welchem eben auch a u s w ä r t i g e Kinder Aufnahme finden, wurde die Diphtheritiscurve (Curve VIII) in dieser Gruppe zu einer Höhe emporgeschnellt, die ihr nicht gebührt. Wir sehen, dass sich die ersten drei Gruppen fast gleich verhalten in Bezug auf die Diphtheritissterblichkeit, und das aus sehr triftigen und zum Theil bereits erörterten Gründen. Die Diphtheritis, eine Krankheit des Kindesalters, wird dort am häufigsten sein, wo eben die meisten Kinder sind. Wenn wir uns nun die vergleichenden Untersuchungen von S. 395 Tab. XII ins Gedächtniss zurückrufen, so werden wir erkennen, dass diese drei ersten Gruppen zu den kinderärmeren gehören; es gehören hierher die Bezirke, deren Geburtsziffern fast sämmtlich unter dem Mittel liegen, während die vier anderen über das Mittel sich erhebenden Bezirke von der IV. Gruppe umfasst werden. Auch liess sich ferner mit ziemlicher Entschiedenheit ein nachtheiliger Einfluss der Kanalisation resp. Bodendrainage zurückweisen; denn die grösste Diphtheritissterblichkeit herrscht in den nicht kanalisirten, nicht drainirten Strassengruppen, wenn sie auch nicht durch diese Verhältnisse bedingt, oder ausschliesslich bedingt sein kann. —

Wir haben bisher eines Krankheitsprocesses nicht gedacht, der von jeher mit der Frage der Bodenverunreinigung und den Feuchtigkeitsverhältnissen des Bodens in innigen Zusammenhang gebracht worden war, des Abdominaltyphus. Es geschah dies mit Absicht, da es hierbei besonderer Erörterungen bedarf. Es ist seit den Untersuchungen Buhl's, Pettenkofer's, Port's u. A. als entschieden zu betrachten, dass der Typhus einer besonderen örtlichen Disposition bedarf, dass er bestimmte Localitäten heimsucht, und gerade für München sind durch die genannten Forscher diese Localitäten ziemlich bekannt. Ein Blick auf das geologische Profil gibt uns schon Aufschluss darüber, wo wir die grösste Typhusfrequenz zu suchen haben; das Thal und vielleicht auch ein Theil der Terrasse (gegen ihren Abfall zu und über der Flinzmulde) werden vorwiegend von Typhus heimgesucht sein, während wir uns die ganze Hochfläche und wohl den grösseren Theil der Terrasse als immun oder wenigstens relativ immun denken können. So ist dies auch constatirt worden, und muss dieses Verhältniss in seinem Princip bestehen bleiben, ob nun auch sanitäre Reformen eingeführt worden sind, die vielleicht zur Beseitigung des Typhus beitragen können. Es kann wohl der Fall eintreten, dass sich in Folge derselben die Typhusfrequenz herabmindert; aber der frühere Typhusherd wird wohl stets eine relativ höhere Typhusfrequenz zeigen.

Dies vor Augen habend, wollen wir nun die Typhusmortalität in Betracht ziehen.

Tabelle XVI (Curve X Tafel I).

Typhusmortalität in München 1875—80.

Charakter der Strassen	Zahl	Einwohner	Todesfälle an Typhus 1875—80 absolut	Todesfälle an Typhus 1875—80 auf 100000 Lebende	Jahresdurchschnitt absolut	Jahresdurchschnitt auf 100000 Lebende
Col. 1	2	3	4	5	6	7
I. Gr. Strassen mit Sielen auf der Terrasse . .	39	53329	175	**327**	29	**54,5**
II. Gr. Strassen mit Sielen im Thal	17	10546	53	**502**	9	**83,7**
III. Gr. Strassen mit alten Kanälen	77	52042	300	**576**	50	**96**
IV. Gr. Strassen ohne Kanäle	320	90606	378	**417**	63	**69,5**
Die ganze Stadt . .	453	206587	906	**438**	151	**73**

Tabelle XVII (Curve XI Tafel I).

Typhusmortalität in München 1875—80 nach Ausscheidung der Heil- und Pflegeanstalten.

Charakter der Strassen	Zahl	Einwohner	Todesfälle an Typhus 1875—80 absolut	Todesfälle an Typhus 1875—80 auf 100000 Lebende	Jahresdurchschnitt absolut	Jahresdurchschnitt auf 100000 Lebende
Col. 1	2	3	4	5	6	7
I. Gr. Strassen mit Sielen auf der Terrasse . .	39	53085	175	**329**	29	**55**
II. Gr. Strassen mit Sielen im Thal	17	10429	51	**489**	8,5	**81,5**
III. Gr. Strassen mit alten Kanälen	77	50439	294	**584**	49	**97**
IV. Gr. Strassen ohne Kanäle	320	87155	343	**393**	57	**65**
Die ganze Stadt . .	453	201058	863	**430**	144	**72**

Die Curven X und XI auf Tafel I (entsprechend den Columnen 7 der beiden Tabellen) zeigen den niedrigsten Stand der Typhusmortalität in Gruppe I (besielte Strassen auf der Terrasse); von da steigt die Mortalität ziemlich steil zur Gruppe II (besielte Strassen im Thal), um in etwas langsamerem Gange den Höhepunkt in Gruppe III (Strassen mit alten Kanälen, zum grossen Theil auch im Thal gelegen) zu erreichen; von da folgt dann ein ziemlich rascher Abfall nach Gruppe IV (nicht kanalisirte Strassen, zumeist auf der Terrasse und der Hochfläche gelegen), ohne dass jedoch die niedrige Mortalitätsziffer von Gruppe I erreicht würde. Nach dem, was den beiden Tabellen vorausgeschickt wurde, wird das Resultat derselben keineswegs überraschen. Die höchste Typhusfrequenz zeigen also Gruppe II und III, Strassencomplexe, die zum grossen Theil gemeinschaftliche, gleichartige, die Typhusausbreitung begünstigende Bodenverhältnisse besitzen. In dem *Thal* haben wir einen Boden, der durch seine tiefe Lage eine mangelhafte Entwässerung besitzt, wo zugleich das Grundwasser der Oberfläche sich bedeutend nähert. Die geringste Frequenz haben Gruppe I und IV, die wieder analoge Terrain-, analoge Untergrundverhältnisse besitzen, jedoch von einer dem Typhus minder günstigen Eigenartigkeit. Es wäre nun voreilig, aus dem eigenthümlichen Gang der Curve *allein*, speciell aus dem Umstande, dass die beiden *besielten* Strassengruppen doch wieder günstigere Verhältnisse darbieten als die beiden dem Bodencharakter nach ihnen jeweilig entsprechenden *unbesielten* oder mit *alten*, schlechten Kanälen versehenen, einen günstigen Einfluss der Besielung herauslesen zu wollen. Aber wir haben noch einiges Material, um der Entscheidung dieser Frage recht nahe zu kommen.

So wie für die Jahre 1875 — 80 stehen mir auch für die Jahre 1866 — 80 Verzeichnisse der Typhusmortalität nach einzelnen Strassen resp. Häusern zur Verfügung. Es lag nun nahe, einen Vergleich zwischen diesen beiden Perioden zu unternehmen. So konnte vielleicht darüber Aufklärung verschafft werden, ob der Typhus überhaupt in Abnahme begriffen sei und ob diese Abnahme sich gleichmässig über das ganze Stadtgebiet erstreckt.

Da die Anzahl der Typhustodesfälle der Jahre 1866 — 80 (einer Periode von 15 Jahren) bekannt ist, so lässt sich daraus berechnen, wie viel Todesfälle in 6 Jahren hätten erfolgen müssen, wenn die Sterblichkeitsziffer dieselbe geblieben wäre. Diese berechnete Sterblichkeit lässt sich dann in Vergleich stellen mit den für die Jahre 1875—80 wirklich gefundenen Werthen. Wir wollen diese Zusammenstellung vornehmen mit sofortiger Eliminirung der Kranken- und Heilanstalten.

Wir erhalten auf diese Weise folgendes Zahlenverhältniss:

Tabelle XVIII.

Typhusmortalität in München 1866—80 und 1875—80.

Charakter der Strassen	Zahl	Typhustodesfälle 1866—80	für 6 Jahre aus 1866—80 berechnet	1875—80 constatirt	Herabminderung des Typhus in den Jahren 1875—80 gegenüber 1866—80: absolut	in Procenten d. 1866—80er Frequenz
Col. 1	2	3	4	5	6	7
I. Gr. Strassen mit Sielen auf der Terrasse . .	39	563	225	175	50	22,2
II. Gr. Strassen mit Sielen im Thal	17	214	86	51	35	40,7
III. Gr. Strassen mit alten Kanälen	77	821	328	296	32	9,7
IV. Gr. Str. ohne Kanäle	320	952	381	339	42	11.0
Die ganze Stadt . .	453	2550	1020	861	159	15,6

Diese Tabelle liesse ein höchst befriedigendes und wir können wohl sagen, fast überraschendes Resultat zu Tage treten. Wenn wir berechnen, wie gross die Typhusmortalität in den letzten 6 Jahren hätte sein müssen, wenn der Typhus in derselben Häufigkeit aufgetreten wäre wie in den letzten 15 Jahren insgesammt, so finden wir (Columne 7), dass die thatsächlich constatirte Anzahl der Todesfälle um 15,6 % hinter dieser berechneten zurückbleibt. Diese allgemeine Abnahme könnte jedoch in gewissen allgemeinen Verhältnissen, in dem Hochstand des Grundwassers, in den Fortschritten der Therapie, in der Abnahme des Typhus überhaupt, ihre Erklärung finden. Sie erfolgte jedoch in den einzelnen Strassengruppen sehr verschieden. Nun sind freilich alle vier Strassengruppen nicht direct mit einander vergleichbar, gerade mit Rücksicht auf den Typhus müssen wir auf das oben ausgeführte geologische Bild verweisen; aus demselben geht aber hervor, dass wir mit Rücksicht auf die Bodenbeschaffenheit wenigstens 2 Gruppen mit vollem Rechte einander parallelisiren können: Gruppe II und Gruppe III;

diese beiden haben gerade jene Eigenthümlichkeiten, die sie für Typhus so ausserordentlich geeignet machen (höchstens sind noch einzelne Strassen von Gruppe III günstiger situirt); und gerade bei diesen zwei Gruppen ist eine so wesentliche Differenz wahrzunehmen, dass die Abnahme des Typhus bei der Gruppe II die der Gruppe III um mehr als das Vierfache übersteigt; sie beträgt bei Gruppe III 9,7, bei Gruppe II dagegen 40,7 % der berechneten Frequenz. Da nun gerade bei Gruppe II die systematische Entwässerung und Drainirung zum allergrössten Theil in die Zeit vor der Periode 1875—80 fällt, so liegt es nahe, darin ein wesentliches Moment für dieses Vorkommniss zu suchen. Dabei haben wir der Periode **1875—80** die ganze Periode **1866—80** gegenübergestellt, in welcher ja schon die Besserung, die sich 1875—80 eingestellt hat, mit inbegriffen ist. Stellen wir nur die beiden Perioden **1866—75** und **1875—80** einander gegenüber, so sind die Differenzen noch bedeutender: die Abnahme beträgt dann bei Gruppe I 32,8%, bei Gruppe II 52,7%, bei Gruppe III 15,5%, bei Gruppe IV 16,9%, bei der ganzen Stadt 23,5% der aus der Frequenz von 1866—75 berechneten Mortalität.

Doch bevor wir eine solche Schlussfolgerung ziehen, ist es nöthig noch einen Factor ins Auge zu fassen, der in der oben angeführten Tabelle nicht zum Ausdruck kommt: die eventuelle Bevölkerungszunahme, die sich ja in den letzten 15 Jahren bedeutend geltend macht. Würde dieselbe gleichmässig in allen vier Gruppen erfolgt sein, so könnten wir sie vielleicht unbeachtet lassen, da sie dann das Resultat gleichmässig beeinflussen würde. Dies ist aber nicht der Fall, wie schon bei der Bevölkerungszunahme von 1875 zu 1880 (Tab. III) gesehen werden konnte. In noch viel grösserem Maassstabe zeigt sich dies im Zeitraum von 1866 bis 1880. Zudem ist 1877 die Vorstadt Sendling hinzugetreten, die auch in anderer Weise, mit Rücksicht auf die Terrainverhältnisse, das Bild alteriren muss.

Es blieb deshalb nichts anderes übrig, als in ähnlicher Weise, wie dies für die Periode 1875—80 geschah, auch für die Periode 1866—80 eine Durchschnittsbevölkerung zu berechnen; nur war diese Rechnung mit grösseren Schwierigkeiten verbunden. Es lagen mir nämlich nur bis zum Jahre 1871, in welchem ebenfalls eine Volkszählung stattgefunden hatte, die Daten bezüglich der einzelnen Häuser resp. Strassen vor; weiter nach rückwärts verfügte ich nur über die Zahlen der Gesammtbevölkerung. Es musste also die Bevölkerungsziffer der einzelnen Strassengruppen für die Jahre 1866—70 aus den vorliegenden Daten 1871—80 berechnet werden. Dies konnte entweder in der Weise geschehen, dass man von den absoluten Zahlen der einzelnen Strassengruppen ausging und aus den Schwankungen, die sie innerhalb der Periode 1871—80 zeigten, diejenige Zahl eruirte, welche man zur Interpolation benützen konnte; oder aber man berechnete, welchen Procentantheil an der Gesammtbevölkerung je eine dieser Strassengruppen in den verschiedenen Volkszählungsjahren darstellt, und versuchte auf diese Weise zu constatiren, welchen Procentsatz diese Strassengruppen in dem Volkszählungsjahre 1867 und sodann auch 1866 betrugen. Es schien mir diese Methode correcter, weil hierbei stets die in der Volkszählung wirklich gefundene Bevölkerungsziffer (die Gesammtbevölkerung) zu Grunde gelegt ist, die nur für das Jahr 1866 durch Interpolation (zwischen 1861 und 1867) gefunden werden musste. Zur Berechnung selbst bediente ich mich der Methode der kleinsten Quadrate.

Es ist hier nicht der Ort, auf das Wesen dieser Methode einzugehen, welche die Aufgabe hat, die Summe der Fehlerquadrate zu einem Minimum zu machen und dadurch den gefundenen Werthen die grösste Wahrscheinlichkeit zu geben. Nur die Formel, welcher ich mich bediente, sei hier angeführt; sie lautet: $x = \frac{\Sigma a \, \Sigma ab - \Sigma b \, \Sigma a^2}{(\Sigma a)^2 - n \Sigma a^2}$. Hierbei ist x der Werth, der für ein bestimmtes Jahr z. B. 1867 gesucht wird; a die Anzahl der Jahre, die zwischen dem Zeitpunkt, für den x zu bestimmen ist, und zwischen den einzelnen Jahren, von denen uns Bestimmungen vorliegen (1871. 1875. 1880), verflossen ist; in unserem Falle sind, von 1867 ausgehend, für a die Werthe 4, 8, 13 zu setzen. b ist sodann die beobachtete Zahl (bei uns das Procentverhältniss), die den jeweiligen Werthen von a entspricht; n die Anzahl der Beobachtungen resp. Werthe, in unserem Fall 3; Σ schliesslich das Zeichen dafür, dass von den sämmtlichen jeweilig vorhandenen Werthen von a oder b etc. die Summen genommen werden. Auf Grund dieser Berechnung erhalten wir folgende Zahlenwerthe. Die bei der Volkszählung direct gefundenen Werthe, im Gegensatz zu den berechneten, sind fett gedruckt.

Tabelle XIX. **Einwohnerzahl Münchens nach Strassengruppen.**

Jahr	I. Gr. Strassen mit Sielen auf d. Terrasse		II. Gr. Strassen mit Sielen im Thal		III. Gr. Strassen mit alten Kanälen		IV. Gr. Strassen ohne Kanäle		Die ganze Stadt
	Procent der Gesammtbevölkerung	Einwohnerzahl	Procent der Gesammtbevölkerung	Einwohnerzahl	Procent der Gesammtbevölkerung	Einwohnerzahl	Procent der Gesammtbevölkerung	Einwohnerzahl	Einwohnerzahl
Col. 1	2	3	4	5	6	7	8	9	10
1866	29,09	41425	6,91	9840	29,9	42579	33,9	48560	142404
1867	28,8	41998	6,78	9887	29,6	43165	34,6	50799	**145829**
1871	**27,8**	**45372**	**6,11**	**9966**	**28,1**	**45910**	**37,9**	**61766**	**163014**
1875	**27,2**	**50841**	**5,74**	**10700**	**26,9**	**50003**	**40,1**	**74801**	**186345**
1880	**25,7**	**55943**	**4,78**	**10393**	**24,9**	**54082**	**44,6**[1]	**96960**[1]	**217378**[1]

Wir erhalten somit für die Bevölkerungsfluctuationen Münchens folgende Tabelle (die directen Volkszählungsresultate sind fett gedruckt):

Tabelle XX. **Einwohnerzahl Münchens nach Strassengruppen.**

Jahr	I. Gruppe Strassen mit Sielen auf der Terrasse	II Gruppe Strassen mit Sielen im Thal	III. Gruppe Strassen mit alten Kanälen	IV. Gruppe Strassen ohne Kanäle	Gesammtbevölkerung der Stadt
Col. 1	2	3	4	5	6
1861					**125280**
1866	41425	9840	42579	48560	142404
1867	41998	9887	43165	50799	**145829**
1868	42841	9907	43851	53526	150125
1869	43685	9927	44537	56272	154422
1870	44528	9947	45223	59019	158718
1871	**45372**	**9966**	**45910**	**61766**	**163014**
1872	46739	10149	46933	65025	168847
1873	48107	10332	47956	68283	174680
1874	49474	10516	48979	71542	180512
1875	**50841**	**10700**	**50003**	**74801**	**186345**
1876	51862	10639	50819	79233	192551
1877	52882	10577	51634	90275[2]	205351[2]
1878	53902	10516	52450	95116[2]	211985[2]
1879	54923	10454	53266	99743[2]	218387[2]
1880	**55943**	**10393**	**54082**	**104484**[2]	**224902**[2]
Summe	724522	153750	721387	1078406	2678072
Jahresdurchschnitt für 1866—80	48301	10250	48092	71894	178538

1) Bei dieser Berechnung musste natürlich das 1877 zu München einbezogene Sendling vorerst eliminirt werden. 2) Hier ist Sendling mit eingerechnet.

Wir sehen hier noch viel schärfer, als in der Periode 1875—80 (Tab. III), die ungleichmässige Zunahme der Bevölkerung nach den 4 Strassengruppen ausgeprägt.

Tabelle XXI.

Charakter der Strassen	Zahl	Zunahme der Bevölkerung von 1866—80 absolut	in Procenten der Bevölkerungsziffer von 1866 der jeweiligen Strassengruppe	in Procenten der Zunahme der Gesammtbevölkerung
Col. 1	2	3	4	5
I. Gr. Strassen mit Sielen auf der Terrasse . .	39	14518	35	17,5
II. Gr. Strassen mit Sielen im Thal	17	553	5,6	0,67
III. Gr. Strassen mit alten Kanälen	77	11503	26,9	13,9
IV. Gr. Str. ohne Kanäle .	320	55924	115,1	67,7
Die ganze Stadt . .	453	82498	65,9	100

Während also die II. Strassengruppe (im Thal) fast gar keinen Zuwachs erhielt (1875—80 macht sich sogar eine Abnahme geltend, wie dies bei der centralen Lage leicht verständlich ist und seine Analogien in anderen grösseren Städten findet), ist sie in Gruppe III (Strassen mit alten Kanälen) und Gruppe I eine etwas bedeutendere. Die grösste Vermehrung, mehr als eine Verdoppelung, zeigt naturgemäss Gruppe IV (nicht kanalisirte Strassen) mit 115%; es fallen eben fast alle neuen Strassen in diese Gruppe.

Es erübrigt jetzt noch, die Bevölkerungsziffer festzustellen nach Ausschluss der Anstalten. Zu diesem Behufe wurde mit der Berechnung der Bewohnerzahl dieser Anstalten (im Procentverhältniss zur Einwohnerzahl) ebenso verfahren, wie oben bei der Berechnung der Einwohnerzahl der Strassengruppen und das so erhaltene Resultat von den Zahlen der Tab. XIX resp. XX subtrahirt. Wir geben hier die so berechneten Einwohnerzahlen nur für die Volkszählungsjahre, da ja die anderen durch Interpolation leicht gefunden werden können; sie weichen von den Zahlen der Tabellen XIX und XX nicht bedeutend ab, und könnten selbst etwaige Fehler nur einen höchst geringen Einfluss auf die späteren Berechnungen haben.

Tabelle XXII.

Einwohnerzahl Münchens 1866—80 nach Strassengruppen mit Ausscheidung der Heil- und Pflegeanstalten etc.

Jahr	I. Gruppe Strassen mit Sielen auf der Terrasse	II. Gruppe Strassen mit Sielen im Thal	III. Gruppe Strassen mit alten Kanälen	IV. Gruppe Strassen ohne Kanäle	Gesammtbevölkerung der Stadt
Col. 1	2	3	4	5	6
1866	41214	9719	41449	45552	137919
1867	41780	9768	42004	47745	141294
1871	45127	9858	44590	58601	158176
1875	50528	10569	48566	71507	181170
1880	55589	10290	52314	100877	219070
1866—80	720312	151997	700305	1029508	2602112
Jahresdurchschnitt für 1866—80	48021	10133	46687	68634	173474

An der Hand dieser Berechnungen können wir nun den Vergleich mit Rücksicht auf den Typhus wiederholen; wir müssen aber auch gleich eine Gruppe aus dem Vergleich ausschliessen; es ist dies die Gruppe IV. Der Bevölkerungszuwachs beträgt hier mehr als 115%, die Bevölkerung hat sich mehr als verdoppelt. Das wäre an sich noch nicht das Ausschlaggebende; aber das Terrain, der Boden, auf dem sich diese neue Bevölkerung zum Theil angesiedelt hat, sowie der in neuerer Zeit mit in die Stadt einbezogen wurde (Sendling), ist — für die Typhusausbreitung wenigstens — ein anderer, als der frühere. Während in den ersten Jahren die Bewohner der Gruppe IV hauptsächlich auf der Terrasse *B* vertheilt waren, nur wenige dem Thal *C* oder der Höhe *AA* angehörten (vgl. das Profil), ist jetzt ein relativ grosser Theil dieser Bevölkerung, vielleicht der relativ grössere Theil, auf die Höhe *AA* vertheilt, ein Theil hat sogar von der Lössauflagerung *D* Besitz ergriffen. Während wir also beim Vergleich der drei ersten Gruppen: besielte Strassen auf der Terrasse, besielte Strassen im Thal, dann Strassen mit Kanälen, für 1866—80 wie für 1875—80 immer dieselben Objecte, wenigstens dieselbe Bodenbeschaffenheit, vor uns haben, tritt in Gruppe IV (Strassen ohne Kanäle) mit den Jahren 1875—80 gegenüber den Jahren 1866—80 resp. 1866—75 ein neuer Factor in die Erscheinung, die andersartige

Bodenbeschaffenheit vieler der neuen Stadttheile, ein Factor, den wir nicht eliminiren können, der aber das Bild der Typhusausbreitung wesentlich alteriren muss. Die Hochfläche bei München ist, wie sich auch aus langjährigen Beobachtungen constatiren liess, gegen Typhus relativ immun; dasselbe gilt in noch höherem Maasse von der lössbedeckten Anschwellung im Osten. Es erübrigt demnach nichts, als diese IV. Gruppe entweder aus dem Vergleiche vollständig wegzulassen, oder wenigstens ihre Ausnahmsstellung stets im Auge zu behalten. Versuchen wir nun den Vergleich zu ziehen. Zuvor geben wir jedoch die Typhusmortalität Münchens der Jahre 1866—80 mit Rücksicht auf die Einwohnerzahl (s. umstehende Tabellen).

Wenn wir diese Zahlenreihen (resp. Curve XII und XIII auf Tafel I entsprechend den Columnen 7) mit denen der Jahre 1875 bis 80 vergleichen, so finden wir bereits eine Eigenthümlichkeit, welche der Erklärung bedarf.

Sowohl in der Periode von 1866—80 als auch in der von 1875—80 haben Gruppe I und IV (die Strassen mit Sielen auf der Terrasse und die Strassen ohne Kanäle) die geringste Typhusmortalität. Mit Rücksicht auf den wiederholt hervorgehobenen, gemeinsamen Bodencharakter, den ein grosser Theil dieser Strassencomplexe besitzt, ist dies vollständig begreiflich; immerhin ist dabei noch zu beachten, dass die besielten Strassen eine noch niedrigere Typhusmortalität besitzen, was um so schwerer in die Wagschale fällt, als der Bodencharakter vieler der neuesten nicht besielten Strassen ein für die Entwicklung und Ausbreitung des Typhus noch weit weniger disponirter ist als der der Strassen von Gruppe I. Dagegen zeigen Gruppe II und III, die zumeist dem Thal angehörenden, und soweit sie alte Kanäle besitzen, auch noch auf der Terrasse situirten Strassen die höchste Typhusfrequenz, die doch jedenfalls auf diese Bodenverhältnisse zurückzuführen ist. Nur ein auffallender Umstand tritt hervor: eine Umkehrung in der Reihenfolge. Während für die Periode 1866—80 Gruppe II (die jetzt besielten Strassen im Thal) das Maximum aufweist, ist es in der Periode 1875—80 Gruppe III (die Strassen mit alten Kanälen), welche die höchste Frequenz zeigt. Wenn wir hierfür eine Erklärung suchen, so werden wir unwillkürlich dazu gedrängt,

Tabelle XXIII (Curve XII Tafel I).

Typhusmortalität in München 1866—80.

Charakter der Strassen	Zahl	Einwohner	Todesfälle an Typhus 1866—80 absolut	Todesfälle an Typhus 1866—80 auf 100000 Lebende	Jahresdurchschnitt absolut	Jahresdurchschnitt auf 100000 Lebende
Col. 1	2	3	4	5	6	7
I. Gr. Strassen mit Sielen auf der Terrasse . .	39	48301	563	1165	38	77,6
II. Gr. Strassen mit Sielen im Thal	17	10250	216	2107	14	140,5
III. Gr. Strassen mit alten Kanälen	77	48092	834	1734	56	116
IV. Gr. Strassen ohne Kanäle	320	71894	1042	1449	69	96,6
Die ganze Stadt . .	453	178537	2655	1486	177	99

Tabelle XXIV (Curve XIII Tafel I).

Typhusmortalität in München 1866—80 nach Ausscheidung der Heil- und Pflegeanstalten.

Charakter der Strassen	Zahl	Einwohner	Todesfälle an Typhus 1866—80 absolut	Todesfälle an Typhus 1866—80 auf 100000 Lebende	Jahresdurchschnitt absolut	Jahresdurchschnitt auf 100000 Lebende
Col. 1	2	3	4	5	6	7
I. Gr. Strassen mit Sielen auf der Terrasse . .	39	48021	563	1172	38	78
II. Gr. Strassen mit Sielen im Thal	17	10133	214	2111	14	141
III. Gr. Strassen mit alten Kanälen	77	46687	821	1758	55	117
IV. Gr. Strassen ohne Kanäle	320	68634	952	1387	63,5	92
Die ganze Stadt . .	453	173474	2550	1469	170	98

einen Einfluss der Kanalisation, der Bodendrainage und Bodenreinigung anzunehmen. Die socialen, die baulichen Verhältnisse dieser beiden Strassengruppen sind annähernd dieselben geblieben, und es wäre vielleicht naturgemäss, wenn die Strassen mit den alten Kanälen, da ein Theil derselben doch auf der Terrasse liegt, günstigere Verhältnisse zeigen würden. Wenn also diese Umkehrung trotzdem erfolgt ist, so wird man wohl nicht mit Unrecht hierfür einen Grund in jener sanitären Reform sehen, die ihren vorwiegenden Effect in der Reinhaltung und Drainirung des Bodens besitzt, und deren Vollendung (1872) kurz vor jene Periode fällt, die jene günstigen Resultate zu Tage gefördert hat. Es wird dieser wohlthätige Einfluss noch klarer, wenn wir den Vergleich in quantitativer Beziehung durchführen, wenn wir uns fragen, wie viel die Herabminderung der Typhusmortalität in der Periode 1875—80 gegenüber jener der Periode 1866—80 beträgt. Wir stellen den Vergleich in der Weise an, dass wir aus den Tabellen XVI und XXIII, sowie aus den Tabellen XVII und XXIV die dort aufgeführten Werthe der relativen Typhusmortalität und zwar den Werth des jährlichen Durchschnitts (Columne 7) entnehmen. Diese Werthe sind für die Periode 1875—80 sämmtlich geringer als für die Periode 1866—80, entsprechend der Herabminderung des Typhus. Die Grösse dieser Differenz nun bringen wir in Verhältniss zu den für 1866—80 gefundenen Werthen und erhalten auf diese Weise die mit einander vergleichbaren Werthe für die Herabminderung des Typhus nach den einzelnen Strassengruppen, die wir in folgenden zwei Tabellen zusammenfassen.

Tabelle XXV (Curve XIV Tafel I).

Herabminderung der Typhusmortalität 1875—80 gegenüber 1866—80.

Charakter der Strassen	Zahl der Strassen	Jahresdurchschnitt der Periode 1866—80	Jahresdurchschnitt der Periode 1875—80	Differenz	Herabminderung in Procenten der Sterblichkeit von 1866—80
		auf 100000 Lebende			
Col. 1	2	3	4	5	6
I. Gr. Strassen mit Sielen auf der Terrasse . .	39	77,6	54,5	23,1	**29,7**
II. Gr. Strassen mit Sielen im Thal	17	140,5	83,7	56,8	**40,4**
III. Gr. Strassen mit alten Kanälen	77	116	96	20	**17,2**
IV. Gr. Strassen ohne Kanäle	320	96,6	69,5	27,1	**28,0**
Die ganze Stadt . .	453	99	73	26	**26,2**

Wir ersehen denn auch hier, dass die weitaus geringste Abnahme in der Typhusfrequenz, 17,1 %, die Strassen der Gruppe III erfahren haben, die in Bezug auf Bodendrainage, auf Bodenreinigung in ihrem

Tabelle XXVI (Curve XV Tafel I).

Herabminderung der Typhusmortalität 1875—80 gegenüber 1866—80 nach Ausscheidung der Heil- und Pflegeanstalten.

Charakter der Strassen	Zahl	Jahresdurchschnitt der Periode 1866—80	Jahresdurchschnitt der Periode 1875—80	Differenz	Herabminderung in Procenten der Sterblichkeit von 1866—80
		auf 100000 Lebende			
Col. 1	2	3	4	5	6
I. Gr. Strassen mit Sielen auf der Terrasse . .	39	78	55	23	**29,5**
II. Gr. Strassen mit Sielen im Thal	17	141	81,5	59,5	**42,2**
III. Gr. Strassen mit alten Kanälen	77	117	97	20	**17,1**
IV. Gr. Strassen ohne Kanäle	320	92	65	27	**29,3**
Die ganze Stadt . .	453	98	72	26	**26,5**

alten, ungünstigen Zustande verblieben sind. Dagegen zeigt die Gruppe II, deren Strassen mit denen der Gruppe III so grosse Analogien, besonders mit Rücksicht auf die Bodenverhältnisse besitzen, die höchste Abnahme, 42,2 %, weit mehr als das Doppelte der ersten. Diese Abnahme ist auch weit grösser als in der Gruppe I, die doch auch besielt ist. Es erklärt sich dies aus zwei Umständen: fürs erste sind die Strassen dieser Gruppe seit 1866—69 kanalisirt, der eventuelle günstige Einfluss dieser Maassregel fällt also schon in den grössten Theil der Periode 1866—80, während bei Gruppe II, wo die Kanalisirung, wenigstens des weitaus grössten Theils, erst 1872 vollendet wurde, die Herabminderung in die Periode 1875—80 fällt. Ausserdem ist aber der Strassencomplex der Gruppe I an und für sich viel günstiger in Bezug auf den Typhus situirt, hat im Allgemeinen eine geringere Typhusfrequenz, und deshalb wird auch die Herabminderung eine relativ geringere sein müssen; dagegen wird dort, wo der wahre Typhusherd ist, die Herabminderung am ausgiebigsten sein können.

Die entsprechenden Curven XIV und XV auf Tafel I, welche die Zahlen der Columnen 6 zum Ausdruck bringen, machen diese Verhältnisse auch graphisch ersichtlich. Die geringste Herabminderung zeigt Gruppe I; von da steigt das Procentverhältniss der

Herabminderung steil auf zu Gruppe II, wo es sein Maximum erreicht, um dann jähe zum Minimum der Gruppe III abzufallen. Die Curve ist auch der Vollständigkeit halber für die Gruppe IV durchgeführt, doch deutet die schwächere Ausführung der Linie an, dass sie nicht in den Vergleich hineingezogen werden soll, da, wie schon auseinandergesetzt worden, das zu Grunde liegende Material an Menschen wie an Strassen für beide Perioden nicht das gleiche ist. Beachtenswerth ist jedenfalls, dass, trotzdem in der Periode 1875 bis 80 viele Strassen entstanden resp. in die Stadt einbezogen worden sind, deren Bodenverhältnisse dem Zustandekommen von Typhus noch ungünstiger sind als die von Gruppe I, die Herabminderung doch immer noch die von Gruppe I (besielte Strassen) nicht übersteigt.

Ich habe bei allen diesen Vergleichen die Periode von 1875—80 der von **1866—80** gegenübergestellt. Nimmt man als Vergleichsobject dagegen die Periode **1866—75**, so werden die Differenzen natürlich noch bedeutender, da ja der Periode 1866—80 schon die Besserung von 1875—80 zu Gute kommt; es steigt dann die Procentzahl der Typhusabnahme bei Gruppe II (Strassen mit Sielen im Thal) auf 55,3, bei Gruppe III (Strassen mit alten Kanälen) auf 26,5%. Im Allgemeinen aber kann der Gang der Curven XIV und XV nicht wesentlich geändert werden.

Werfen wir noch einen Rückblick auf vorliegende Untersuchungen, so ergibt sich als Resultat derselben, dass wir in den hier besprochenen Mortalitätsverhältnissen keinerlei Anhaltspunkte vorfinden, die etwa einen nachtheiligen Einfluss der bisher durchgeführten Besielung und der damit verbundenen Entwässerung und Drainage ersichtlich machten; im Gegentheil, mannigfache Momente machen es zum mindesten wahrscheinlich, dass die Sterblichkeitsverhältnisse durch diese Einrichtungen im günstigen Sinne beeinflusst werden. Ja bei dem Abdominaltyphus walten in Bezug auf die allgemein zu constatirende Abnahme dieser Krankheit so eigenthümliche, nach Zeit und Ort mit der Kanalisation in Zusammenhang stehende Abstufungen vor, dass die Wahrscheinlichkeit einen ausserordentlich hohen Grad erreicht und die zu Grunde liegenden Beobachtungen fast den Werth eines Experimentes gewinnen.

II. Kapitel.

Luftbewegung in Kanälen.

Wenn wir den ursprünglichen Zweck einer Schwemmkanalisation ins Auge fassen, so besteht er vor allem darin, die Producte des menschlichen (und zum Theil auch thierischen) Stoffwechsels, die Abfälle des Haushaltes und der Gewerbe, schliesslich dann auch die meteorologischen Niederschläge möglichst rasch und in einer uns auf keine Art belästigenden oder gar schädigenden Weise von unseren Wohnungen wegzuführen und sie allmählich gewissermassen verschwinden zu machen. Wir lassen hierbei die drainirende Wirkung der Kanäle ganz bei Seite. Auf welche Weise kann nun dieses Postulat erfüllt werden, und welche Umstände treten demselben eventuell hindernd in den Weg? Es ist für die Beantwortung dieser Frage zweckmässig, vor Augen zu haben, dass bei den hier zu betrachtenden Massen Stoffe aller drei Aggregatzustände in Rechnung zu ziehen sind, Stoffe, die je nach diesem Aggregatzustande eine verschiedene Wichtigkeit besitzen und verschiedenes Verhalten zeigen, sowohl in Bezug auf ihre hygienische Bedeutung als auch mit Rücksicht auf die Möglichkeit, sie von uns zu entfernen oder sie unschädlich, zum mindesten gesundheitlich indifferent zu machen. Für die meisten Fälle tritt jedoch die Vereinfachung ein, dass wir die festen und tropfbar flüssigen Stoffe gemeinsam behandeln können. Sind ja die ersten fast stets in Flüssigkeiten suspendirt oder reichlich von ihnen umspült, so dass sie die Schicksale dieser zu theilen haben, und werden ja die meisten festen Stoffe des Kanalinhalts allmählich fast vollständig verflüssigt. Wir haben also dann nur ein Gegenüberstellen des tropfbar flüssigen und des gasförmigen Kanalinhalts. Freilich ist nicht zu vergessen, dass diese beiden in einer gewissen Abhängigkeit von einander stehen, dass speciell die gasförmigen

Bestandtheile ihrer Natur, Menge und Bedeutung nach meist von dem flüssigen Kanalinhalte und den in ihm vorgehenden Processen abhängig sind.

Wir werden, gemäss der in der Einleitung gestellten Aufgabe, uns in diesem Abschnitte nur mit einem streng umschriebenen Theil der Frage befassen, indem wir, ohne auf eine nähere Analyse der Kanalgase und ihre Entstehung einzugehen, hauptsächlich das physikalische Verhalten derselben, ihre Circulation in den Kanälen sowie in den aus den Kanälen an die Oberfläche und in die Häuser führenden Communicationen untersuchen.

Es haben diese Vorgänge bisher geringere Aufmerksamkeit gefunden, und doch ist die Kenntniss der Gesetze für die Bewegung der gasförmigen Bestandtheile, für die Richtung und Stärke dieser Strömungen, für die Wechselbeziehungen zur äusseren Luft und zur Luft der Häuser von grosser Bedeutung, kann sogar zur Entscheidung mancher Fragen vom theoretischen Standpunkte aus schon ausschlaggebend sein. Ist doch in neuester Zeit gerade von ärztlicher Seite viel über Kanalgase, deren Eindringen in die Häuser und die dadurch hervorgerufenen Krankheiten geschrieben worden, ja von vielen Seiten wurde direct ein causaler Zusammenhang zwischen Kanalgasen und der epidemischen Ausbreitung gewisser Infectionskrankheiten behauptet. Aber es ist dies zumeist ohne jedes directe Studium der betreffenden Verhältnisse in den Kanälen resp. Häusern geschehen, und doch wäre es als erstes Erforderniss einer solchen Behauptung, einer solchen Theorie zu betrachten, dass an der Hand von Beobachtungen und Experimenten gezeigt würde, dass zum mindesten ein Parallelismus zwischen Wanderung und Ausbreitung der Krankheiten und der Kanalgase besteht, womit freilich der Beweis für den Causalnexus noch lange nicht geliefert wäre[1]).

Es erfordert dieser Gegenstand in der That directe Untersuchungen, da die ursächlichen Momente, die Bedingungen, die eine

1) Vgl. Soyka, Hygienische Tagesfragen I, Kritik der gegen die Schwemmkanalisation erhobenen Einwände (München 1880) S. 3, sowie die Verhandlungen der IX. Versammlung des Vereins f. öffentl. Gesundheitspflege zu Wien: Vierteljahrsschr. f. öffentl. Gesundheitspflege Bd. 14.

Bewegung veranlassen können, vielfach wechselnde, im vorhinein nicht immer bestimmbare sind, ganz im Gegensatz zu den Verhältnissen, die bei der Strömung des flüssigen Kanalinhalts obwalten, wo die Richtung und Stärke der Strömung vorwiegend von der Niveaudifferenz, dem Querschnitt und der Wassermenge beeinflusst wird.

Bisher liegen uns über diesen Gegenstand Versuche von v. Rózsahegyi und Lissauer vor. Rózsahegyi[1]) hat diese Fragen am Münchener Sielnetz, soweit dieses sich zur Entscheidung derartiger Fragen eignet, studirt, und seine Resultate, auf die in dieser Arbeit, welcher das gleiche Versuchsobject zu Grunde liegt, wiederholt zurückgekommen werden muss, in folgenden Schlusssätzen wiedergegeben:

„1. Die Bewegung der Luft in den Münchener Sielen ist viel mehr nach abwärts als nach aufwärts gerichtet, d. h. sie folgt hauptsächlich dem Gefälle der Siele. Der Luftzug im unteren (tiefer liegenden) Abschnitte des Sielsystems ist stärker als in den oberen (höher liegenden) Abschnitten.

2. Die herrschende Windrichtung im Freien hat keinen merklichen Einfluss auf Richtung und Geschwindigkeit des Luftzuges in den Sielen.

3. Aufsteigender, dem Gefälle der Siele entgegengesetzter Luftzug kommt zwar vor, aber sehr selten und auf sehr kurze Strecken beschränkt.

4. Wo Haus- und Strassenentwässerungen einmünden, geht Luft aus den Sielen durch diese Einmündungen öfter hinaus als herein, und ist auch diese partielle Bewegung nicht von der herrschenden Windrichtung im Freien abhängig. Das Hinaus- und Hereinziehen der Luft an solchen Stellen ist kein constantes, sondern es wechselt.

5. Durch solche sich nahe liegende Mündungen von Hausentwässerungen kann ein Austausch der Luft von einem Hause oder Hofe nach dem anderen hin stattfinden, soweit die

1) Ztschr. f. Biologie Bd. 17 S. 23.

Hausleitungen nicht mit richtig functionirenden Wassersperren oder Syphons versehen sind.

6. Der ganz vorwaltend nach abwärts gehende, dem Gefälle der Kanäle folgende Luftzug scheint lediglich durch den Strom des in gleicher Richtung fliessenden Kanal- oder Sielwassers verursacht zu sein.

7. Die Temperatur der Sielluft war durchschnittlich 3,2—5,6° C. niedriger als die Temperatur im Freien. Auch aus dieser Temperaturdifferenz sind die beobachteten Luftbewegungen in den Sielen und an ihren verschiedenen Mündungen nicht zu erklären.“

Es ist nur noch zu bemerken, dass die als Substrat dienenden Versuche sämmtlich im Sommer angestellt worden waren, dass also auch nur für diese Zeit die Gültigkeit der Schlusssätze anzusprechen ist.

Die Untersuchungen von Lissauer[1]) beschränken sich auf Beobachtungen der Luftströmungen im Innern des Hauses, an Closets und Ausgüssen. Soweit es sich um die Bewegung der Luft in den Kanälen handelt, kommt er zu dem Resultate, dass im Allgemeinen im Danziger Kanalsystem ein absteigender Luftstrom herrscht.

Es liessen sich nun die Versuche von Lissauer, die allerdings an den Gegenstand von einer andern Seite herantreten, insofern sie hauptsächlich die Frage der Leistungs- d. h. Schlussfähigkeit der Wasserverschlüsse zu lösen versuchen, als eine Ergänzung zu Rózsahegyi's Versuchen ansehen, insofern sie während der Winter- resp. Frühjahrsperiode angestellt wurden; allein da ihnen ein anderes Kanalisationsobject zur Grundlage dient, so ist auch schon aus diesem Grunde ein Vergleich dieser beiden Untersuchungen nicht durchführbar; dazu ist es nöthig, dass an demselben Objecte in analoger Weise die Arbeit weiter geführt wird, mit möglichster Auswahl der auf ihren Einfluss zu prüfenden äusseren Bedingungen.

---

1) Ueber das Eindringen von Kanalgasen in die Wohnräume. Deutsche Vierteljahrsschr. f. öffentl. Gesundheitspflege Bd. 13 S. 341.

Ich habe deshalb meine Untersuchungen so ziemlich auf dieselben Theile des Münchener Sielnetzes, wie sie in der Arbeit von Rózsahegyi aufgeführt sind, erstreckt und wählte mir hierzu die Wintermonate der Jahre 1881/82 mit möglichster Berücksichtigung niedriger Aussentemperaturen.

Die Art und Weise, wie die Versuche angestellt wurden, ist in kurzem folgende. Nachdem durch irgend einen Einsteigschacht in den Kanal eingestiegen, und die Einsteigsöffnung wieder geschlossen worden war (damit keine künstliche Communication mit der Aussenluft geschaffen wurde), wurde die Begehung vorgenommen. Die anzustellenden Beobachtungen im Kanalsystem erstreckten sich auf Temperatur und relative Feuchtigkeit der Kanalluft, auf Temperatur und Tiefe des Kanalwassers, ferner auf die Luftströmungen im Kanal und an den aus dem Kanal theils ins Freie, theils in die Häuser führenden Communicationen, eventuell auch an den entsprechenden Communicationsöffnungen in den Häusern selbst. Der Nachweis der Luftströmungen geschah womöglich qualitativ und quantitativ: qualitativ durch Verfolgung der Richtung, in welcher der Rauch von Lunten davongetragen wurde, durch Beobachtung der Kerzenablenkung, quantitativ durch Messungen mittels geaichter Anemometer. Es wurde entweder ein Anemometer nach Combes hierzu verwendet oder ein sehr empfindliches statisches Anemometer von Recknagel, das eine Maximalgeschwindigkeit von 1,3^{m} in der Secunde anzuzeigen vermochte. In vielen Fällen wurde die Ausbreitung und Intensität der Luftströmungen auch indirect durch Entwickelung eines leicht nachzuweisenden Gases, des Schwefelwasserstoffs, geprüft. Auch wurden an einzelnen Objecten des Sielstrangs eventuell künstliche Veränderungen hervorgebracht, um so gewisse Factoren in ihrem Einfluss isolirt studiren zu können.

Die Ausführung sämmtlicher Versuche fiel in die Zeit von 9 Uhr Vormittags bis 1 Uhr Nachmittags.

Die Daten über die meteorologischen Verhältnisse der Atmosphäre sind nach den officiellen Berichten der Meteorologischen Centralstation verzeichnet.

In der Darlegung der Versuchsergebnisse empfahl es sich, dieselben nach den einzelnen Untersuchungsobjecten resp. Kanalsträngen zu gruppiren. Zur Begehung und Untersuchung gelangten:

1. der im südwestlichen Theile der Stadt befindliche Schlachthauskanal,
2. der im westlichen Theil befindliche Kanal der Findlings- und Schillerstrasse,
3. der im nördlichen Gebiete verlaufende Kanal der Amalien-, Schelling- und Ludwigsstrasse und
4. ein im westlichen Gebiete gelegener zum Krankenhaus führender Kanal, dessen Anlage noch nach altem fehlerhaften Principe erfolgt war[1]).

I. Gruppe. Untersuchungen im Schlachthauskanal.

Die Strecke, die bei diesen Versuchen begangen wurde (von der Gasanstalt bis zur Ausmündung des Schlachthauskanals), hat eine Länge von ca. 567^{m} und ein Gefälle von 1 : 1000. Die Profile sind folgende:

Von der Gasanstalt bis zur Lindwurmstrasse 1,20 $\times$ 0,8; durch die Lindwurmstrasse hindurch über den Sendlingerthorplatz bis zur Einmündung des alten Krankenhauskanals 1,5 $\times$ 1,00; von da bis zur Ausmündung des Schlachthauskanals 1,2 $\times$ 1,2. Die Ausmündung erfolgt in den nun durch ein Gewölbe überdeckten und zum Theil überbauten Glockenbach.

I. Versuch, 12. Jan. 1881.

Während an diesem Tage bei Beginn des Versuchs eine äussere Temperatur von ca. — 3,5 herrschte, erreichte die Lufttemperatur im Kanal eine Höhe von 8^{0}, was einer Temperaturdifferenz von mehr als 11 Graden entspricht (Temperatur des Kanalwassers 6^{0}). Die Bewegung der Luft schlug in diesem Falle eine allenthalben nach abwärts gehende d. h. dem Gefälle des Kanals folgende Richtung ein. Dies fand sowohl an den verschiedenen Punkten eines und desselben Querschnitts als auch in verschiedenen Distanzen statt. Dabei war jedoch die Luftströmung eine sehr schwache, so dass sie anemometrisch (Anemometer nach Combes) nicht bestimmt werden konnte; sie blieb also jedenfalls unter der Intensität von 0,29^{m} in

1) Vgl. I. Kapitel S. 7 (Kanäle d. III. Gruppe).

der Secunde, da dies die untere Grenze für die Leistungsfähigkeit des hier zur Anwendung gebrachten Apparates war.

An den Ventilationsöffnungen und den Oeffnungen der Strasseneinläufe war die Luftströmung meist nach aussen ins Freie gerichtet; ebenso wurde bei den Hausanschlüssen in der überwiegenden Anzahl der Fälle (12 mal) eine gegen das Haus zu erfolgende Strömung constatirt, in selteneren Fällen (4 mal) auch umgekehrt vom Hause gegen den Kanal zu.

Es wurde bei diesem ersten. Versuch, bei dem es sich mehr um eine probeweise Begehung des Kanals gehandelt hatte, die vorwiegende Richtung des Luftstroms auch noch in der Weise nachgewiesen, dass an einer bestimmten Stelle, ca. 400^{m} oberhalb der Ausmündung in den Glockenbach, Schwefelwasserstoff innerhalb des Kanals entwickelt wurde, und zwar wurde ein Gefäss, ein grosses weites Cylinderglas, in welchem sich 1^{kg} Schwefeleisen befand, vermittels eines Brettes in der Hälfte der Höhe des Kanalprofils aufgestellt. Nachdem ich die Säure eingegossen, entfernte ich mich rasch in der Richtung nach oben. An den unterhalb und oberhalb in Distanzen von 15 bis 50^{m} aufgestellten Bleipapieren liess sich nun gleichfalls constatiren, dass die Verbreitung des Schwefelwasserstoffs vorwiegend nach abwärts stattfand; in dieser Richtung waren bis auf eine Entfernung von ca. 300^{m} (Einmündung des Krankenhauskanals) sämmtliche Bleipapiere geschwärzt (das letzte nur gebräunt). Nach aufwärts war eine Reaction nicht weiter als bis auf 60^{m} nachweisbar, wie dies aus nachfolgender, ziffermässiger Darstellung hervorgeht.

	Bleipapier oberhalb der Schwefelwasserstoffentwickelung					
Distanz in Metern . .	260	160	95	55	24	12
Reaction	keine Reaction			leicht gelb	schwach braun	schwarz

	Bleipapier unterhalb der Schwefelwasserstoffentwickelung							
Distanz in Metern . .	20	55	85	115	170	245	260	310
Reaction	schwarz					leicht gebräunt	keine Reaction	

Stellen wir die Thatsachen dieses Versuchs in einer kleinen Uebersichtstabelle dar. Wir wollen uns hierbei (sowie ein- für allemal in der tabellarischen Darstellung) einer abgekürzten Ausdrucksweise bedienen, indem wir für alle Strömungen, die nach abwärts gerichtet sind, das Zeichen + wählen. Dieses gilt also dann für jene Luftströmung, deren Richtung im Kanal oder Siel dem Laufe des Wassers parallel geht, die in den Hauskanälen vom Hause her gegen den Kanal hin gerichtet ist, ebenso auch für jene, die durch die Strassenkanal-Ventilationsöffnungen etc. aus dem Freien in den Kanal hinein erfolgen.

Alle entgegengesetzten Luftströmungen wollen wir dagegen mit dem Symbol — bezeichnen; es ist dies der Luftstrom, der im Kanal dem Laufe des Wassers entgegengerichtet ist, der ferner aus dem Kanal ins Freie oder gegen die Häuser hin gerichtet ist. Die bei der Richtung der Luftströmung verzeichneten Zahlen geben die Luftgeschwindigkeit an und zwar in Metern per Secunde.

Versuch I. Tabelle XXVII.

		Barometer	Temperatur	Differenz zwischen Kanal- u. atmosph. Luft	relative Feuchtigkeit	Richtung und Stärke des Windes	Schwefelwasserstoffausbreitung
Col. 1		2	3	4	5	6	7
Atmosphäre .	8ʰ	708,0	— 3,5	11,5	85	0	
	2ʰ	705,8	— 1,0	9	79	E_1	
Schlachthauskanal . . .	.	.	8⁰	. . .	90	allenthalben + (unter 0,29 ᵐ)	245ᵐ +, 55ᵐ —
Hausanschlüsse	.	.	.	. . .	.	4 mal + 12 mal —	
Strasseneinläufe	.	.	.	. . .	.	überwiegend —	
Ventilationsöffnungen . .	.	.	.	. . .	.	überwiegend — (0,49 — 0,56 ᵐ)	

Wir haben also als Resultat dieses Versuches eine durchaus nach abwärts gerichtete Luftbewegung, ganz ähnlich wie sie sich in der Sommerperiode desselben Jahres geäussert hatte, nur mit einer etwas geringeren Intensität (bei den Untersuchungen im Sommer kamen Geschwindigkeiten bis zu 0,48 ᵐ [1]) in der Secunde zur Be-

1) Ich habe ein- für allemal davon Umgang genommen, eine Berechnung anzustellen über die Luftmengen, die bei den hier gewonnenen Luftgeschwindigkeiten durch das Kanalsystem hindurchgefördert werden. Bei den ununterbrochenen Aenderungen, welche die Geschwindigkeit der Luft erleidet, erschienen mir die eventuell zu berechnenden Zahlen ohne praktische Bedeutung, und selbst

obachtung). Mit diesem Resultate der directen Beobachtung stimmt dann auch der Schwefelwasserstoffversuch überein. Gegenüber dem Sommer liess sich dagegen ein entschiedeneres Einströmen der Kanalluft in die Hausleitungen constatiren, wogegen in den übrigen keine wesentlichen Unterschiede wahrzunehmen waren. Ein Einfluss des Windes war nicht wahrzunehmen. In erster Zeit herrschte überhaupt Windstille, und der später schwach einsetzende Ostwind ist dem von SW. nach NE. gerichteten Kanalverlauf und Luftzug sogar entgegengesetzt.

II. Versuch, 13. Jan. 1881.

Bei einer Aussentemperatur von — 3,9° hatte die Luft im Kanal eine Temperatur von 7°, so dass die Temperaturdifferenz 10,9° betrug (Temperatur des Kanalwassers + 6,5° C.). Die Richtung des Luftzugs im Kanal war nun auch in diesem Versuche für den grössten Theil der Kanalstrecke eine nach abwärts gerichtete, gleichfalls jedoch sehr schwache, die Geschwindigkeit von 0,16^{m} in der Secunde (untere Grenze des Combes'schen Anemometers) nicht erreichende. Nur das letzte Ende des Kanals, in einer bestimmt abgegrenzten Strecke, von der seitlichen Einmündung des sog. Krankenhauskanals bis zum unteren Ende des Schlachthauskanals, dort, wo dieser sich in den Glockenbach ergiesst, in einer Ausdehnung von ca. 75^{m}, zeigte die entgegengesetzte, nach aufwärts gerichtete Luftströmung, die jedoch ebenfalls von nur geringer Intensität war, meist unter 0,16^{m}, im Maximum 0,22 (an der Decke).

An den Ventilations- und Strassenöffnungen war keine Constanz in den Luftströmungen nachzuweisen; nicht bloss, dass die einen die Luft in den Kanal ein-, die anderen aus demselben ausströmen liessen, liess sich mehrfach an einer und derselben Oeffnung innerhalb kurzer Intervalle ein abwechselndes Ein- und Ausströmen wahrnehmen.

Auch in diesem Versuche wurde die Luftbewegung indirect durch Entwickelung von Schwefelwasserstoffgas verfolgt. Der Entwickelungsapparat stand 180^{m} oberhalb der Ausmündung des Kanals

---

die angeführten Zahlen der Luftgeschwindigkeit haben nur den Zweck, eine Vorstellung von der herrschenden Luftströmung zu erwecken, beabsichtigen aber keineswegs, etwa bestimmte Grenzwerthe abzugeben.

in den Bach. Nachdem die Säure eingegossen war, entfernte sich der Experimentator rasch nach aufwärts. Nahe dem unteren Kanalende, 110^m von der Entwickelungsstelle, stand ein zweiter Beobachter (Dr. Klas Linroth aus Stockholm hatte hier sowie in vielen anderen Fällen die Güte, mir zu assistiren, und sage ich ihm an dieser Stelle besten Dank dafür) und notirte die Zeit, in welcher sich die ersten Spuren Schwefelwasserstoffs zeigten; es geschah dies nach 47 Minuten, und entspricht dies der höchst geringen Geschwindigkeit von $0{,}039^m$ in der Secunde, die allerdings, wie selbstverständlich, hinter der wirklich herrschenden Geschwindigkeit weit zurückbleibt. Hierbei ist jedoch noch auf ein Vorkommniss aufmerksam zu machen. Nachdem die Schwefelwasserstoffentwickelung in Gang gesetzt worden war, ging ich die Kanalstrecke nach aufwärts bis zu dem 390^m oberhalb befindlichen Einsteigschachte, durch welchen ich den Kanal verliess, um dann wieder 30^m unterhalb der Entwickelungsstelle durch einen Einsteigschacht in den Kanal hinab zum unteren Beobachtungsposten mich zu begeben. Mit Oeffnung dieses Schachtes kam mit einem Male eine grosse Menge Schwefelwasserstoffgases zu Tage, das offenbar in diesem Schachte, wie in einem Schlot aufgestiegen war.

Die räumliche Verbreitung des Schwefelwasserstoffs war folgende:

	Bleipapier oberhalb der Schwefelwasserstoffentwickelung								
Distanz in Metern . .	390	140	125	105	80	50	37	25	12
Reaction	keine Reaction			schwach braun	schwarz oder braun				

	Bleipapier unterhalb der Schwefelwasserstoffentwickelung							
Distanz in Metern . .	12	25	60	80	110	115	125	180
Reaction	schwarz oder braun					schwach braun	keine Reaction	

Wir sehen hier die Verbreitung des Schwefelwasserstoffs nach beiden Richtungen erfolgen. Dass sie, trotzdem kein Vorherrschen der aufsteigenden Luftströmung wahrnehmbar war, sich doch so weit nach oben verbreitete, rührt wohl von der nach erfolgter Entwickelung unternommenen Wanderung und Oeffnung des Schachtes her, deren Einfluss noch später erörtert werden soll. Es könnte scheinen, als wenn diesmal die Ausbreitung nach abwärts eine geringe gewesen, indem 115 m unterhalb der Entwickelungsstelle (65 m oberhalb der Mündung in den Stadtbach) die Reaction aufhörte. Allein die Verhältnisse gestalten sich hier anders: die H_2S-Reaction verschwindet in jenem Theile des Kanals, von dem schon oben erwähnt wurde, dass in demselben ein entgegengesetzter Luftstrom herrsche. An dieser Stelle, wo die Reaction im Hauptkanal aufhört, mündet der sog. Krankenhauskanal ein, in welchem eine constante aufsteigende Luftströmung von 0,37 — 0,55 m pro Secunde herrschte. In diesen Kanal, den wir später gesondert betrachten werden, wurde der Schwefelwasserstoff aspirirt: an Bleipapieren liess sich die Reaction mit Sicherheit noch über 30 m tief in den Kanal hinein verfolgen, im Ganzen also 145 m abwärts von der Entwickelungsstelle.

Das Versuchsresultat, tabellarisch ausgedrückt, war also folgendes:

Versuch II. Tabelle XXVIII.

		Barometer	Temperatur		relative Feuchtigkeit	Richtung und Stärke des Windes	Schwefelwasserstoffausbreitung
				Differenz zwischen Kanal- u. atmosph. Luft			
Col. 1		2	3	4	5	6	7
Atmosphäre .	8 h	704,7	— 3,9	10,9	76	W1	
	2 h	702,6	— 2,2	9,2	50	W1	
Schlachthauskanal . .	.	.	+ 7	. . .	90	grösstentheils + (unter 0,16 m) die letzten 75 m — (bis 0,22 m)	115 m +, 105 m —
Ventilations- und Hausöffnungen .	.	.	.	. . .	.	bald + bald — (bis 0,33 m)	
Seitenkanal (Krankenhauskanal)	.	.	.	. . .	.	ausschliesslich — (0,37 — 0,55 m)	. . . . 30 m —

Die Windrichtung war in diesem Versuche der Luftströmung im Kanal wenigstens nicht direct entgegengesetzt. Was das Gesammtresultat anbelangt, finden wir im Grossen und Ganzen eine ziemliche Uebereinstimmung mit dem ersten Versuche.

III. Versuch, 18. Jan. 1881.

Zu Beginn des Versuchs herrschte eine Aussentemperatur von — 8,2, die Temperatur der Kanalluft betrug + 8, die Differenz somit 16,2°. (Temperatur des Kanalwassers + 6°, Höhe desselben 23 cm.)

Beim Einsteigen bemerkt man, dass die untere Fläche des eisernen Deckels, mit dem der Einsteigschacht verschlossen ist, stark bereift erscheint in Folge der Niederschläge aus der wärmeren, feuchten Kanalluft.

Auch diesmal ist die Luftströmung durchwegs nach abwärts gerichtet. Die Intensität derselben war jedoch in diesem Versuche eine mächtigere. Messungen an verschiedenen Stellen des Kanalstrangs und in verschiedener Höhe des Profils gaben nachstehend verzeichnete Werthe. Die Bestimmungen sind in ihrer Aufeinanderfolge angeführt, wie sich dieselbe beim Abwärtsschreiten im Kanal ergab. In Fig. 1 sind in dem Kanalprofil mit *a* bis *e* diejenigen Stellen bezeichnet, in denen die anemometrischen Bestimmungen gemacht wurden, und wird in der weiteren Darstellung diese Bezeichnung stets angewendet werden.

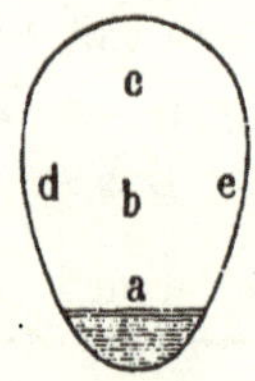

Fig. 1.

Tabelle XXIX.

Luftgeschwindigkeit im Kanal (in Metern pro Secunde).

	a	*b*	*c*	*d*
1. . .	0,54	0,23	unter 0,16	0,64
2. . .	—	—	0,53	—
3. . .	0,25	0,29	—	—

Von Interesse war das Verhalten der Luftbewegung in den Seiteneingängen, jenen oft über mannshohen Verbindungsgängen, die vom Einsteigschacht in der Strasse zum Kanal selbst führen. Hier war in den oberen Theilen derselben fast constant ein nach auswärts gerichteter Luftstrom zu constatiren, in den unteren Theilen ein einwärts gehender; es trat dies besonders stark bei Oeffnung des Schachtes hervor und erklärt sich durch die Strömungsverhältnisse der Luft, wie sie an Orten auftreten, wo zwei Luftschichten verschiedener Temperatur durch eine weite Oeffnung mit einander in Communication treten. Die warme Luft strömt oben an der Decke aus, wird durch die kältere Luft, die unten einströmt, verdrängt.

Die Ventilationsöffnungen liessen an diesem Versuchstage bald Luft von der Strasse eintreten, bald war umgekehrt ein Ausströmen der Kanalluft wahrzunehmen, und zwar trat an einer und derselben Ventilationsöffnung oft plötzlich ein Umkehren der Strömungsrichtung ein. Im Ganzen überwog die Richtung nach einwärts, gegen den Kanal zu. Gemessene Geschwindigkeit 0,35 bis 0,47^{m} in der Secunde. In den Hausentwässerungsröhren überwog dagegen die Strömung in das Haus hinein.

Versuch III. Tabelle XXX.

		Barometer	Temperatur	Temperatur: Differenz zwischen Kanal- u. atmosph. Luft	relative Feuchtigkeit	Richtung und Stärke des Windes
Col. 1		2	3	4	5	6
Atmosphäre . .	8^{h}	705,7	— 8,2	16,2	76	E_5
	2^{h}	703,7	— 6,7	14,7	90	E_3
Schlachthaus-kanal . . .	.	.	+ 8	. . .	80—90	allenthalben + (bis 0,64)
Ventilations-öffnungen . .	.	.	.	. . .	.	überwiegend + (0,35 — 0,47) auch mehrfach ±
Hausanschlüsse .	.	.	.	. . .	.	überwiegend —
Seiteneingänge .	.	.	.	. . .	.	an der Sohle + an der Decke —

Der an diesem Tage ziemlich heftige Ostwind ist in seiner Richtung der Luftströmung im Kanal entgegengesetzt; vielleicht ist es als sein Effect zu betrachten, dass die Luftströmung an den Ventilationsöffnungen diesmal oft so plötzlich aus einer Richtung in die entgegengesetzte umschlug.

IV. Versuch, 20. Jan. 1881.

Die äussere Temperatur war zu Beginn des Versuchs — 1,4, die Kanallufttemperatur + 8,6, was einer Differenz von 10^{0} entspricht. (Temperatur des Kanalwassers 6,5^{0}, Höhe desselben ca. 25^{cm}.)

Auch in diesem Falle war die vorwiegende Richtung des Luftstromes im Kanal eine absteigende. Sie erstreckte sich über den grössten Theil des untersuchten Stranges von dem Einsteigschachte in der Maistrasse bis zur Ausmündung des Krankenhauskanals, welcher letztere, wie auch in früheren Fällen, eine stark aufsteigende Luftströmung besass. Das ca. 75^{m} lange Endstück des Kanals unterhalb dieser Einmündung besass ebenfalls aufsteigende Luftströmung.

In dem Kanaltheile mit abwärts gerichteter Luftströmung waren auch Differenzen in der Intensität wahrzunehmen: in den unteren Partien gegen den Krankenhauskanal zu tritt in den an der Decke gelegenen Luftschichten fast Windstille ein, oder es ist gar eine sehr schwache aufsteigende Luftströmung wahrzunehmen, während die Luftschichten an der Kanalsohle ihre absteigende Richtung bewahrt haben.

Wir geben wieder einige anemometrische Bestimmungen, wie sie im Kanal, nach abwärts gehend, gemacht wurden.

Tabelle XXXI.

Luftgeschwindigkeit im Kanal (in Metern pro Secunde).

	a	*b*	*c*
I. unterhalb des Fremdeneingangs	0,528 +	0,616 +	0,70 +
II. oberhalb der Einmündung des Krankenhauskanals	0,23 +	. . .	0
III. unmittelbar an der Einmündung des Krankenhauskanals . . .	. . .	0,24 +	0,38 +
IV. im Krankenhauskanal . . .	. . .	0,83 —	. . .

In den ausser dem Krankenhauskanal noch einmündenden zwei Kanälen waren absteigende Luftströmungen zu constatiren.

Von den sechs untersuchten Ventilationsöffnungen drang bei vieren die Luft aus dem Kanal ins Freie, bei einer wechselten die Strömungen, bei einer war Windstille.

In sämmtlichen drei Seiteneingängen war in den der Decke näher gelegenen Luftschichten die Strömung nach auswärts (aus dem Kanal) gerichtet, in den unteren Luftschichten dagegen nach einwärts.

Es wurde an diesem Tage ein Schwefelwasserstoffversuch vorgenommen, um die räumliche und zeitliche Ausbreitung der Luftströmungen zu prüfen. Die Entwickelung des Schwefelwasserstoffs geschah diesmal allmählicher, indem in der einen Oeffnung einer grossen W o u l f'schen mit 1^{kg} Schwefeleisen beschickten Flasche ein Scheidetrichter befestigt war, durch den Säure allmählich hinzufliessen konnte. Der Ort der H_2S-Entwickelung war 125^m unterhalb des Seiteneingangs an der Gasanstalt und 440^m oberhalb der Ausmündung des Kanals in den Glockenbach.

Was die zeitliche Vertheilung anbelangt, so war der Schwefelwasserstoff 10 Minuten nach Beginn der Entwickelung von einem 86^m unterhalb postirten Beobachter wahrzunehmen, was einer Luftgeschwindigkeit von $0{,}144^m$ in der Secunde entspricht. Es widerspricht dieses Resultat den anemometrischen Bestimmungen nicht, wenn es auch einen sehr geringen Werth repräsentirt; es ist ja zu bedenken, dass die ersten Quantitäten des Schwefelwasserstoffs so verdünnt ankommen, dass sie noch keine Reaction hervorrufen können. Räumlich verbreitete sich der Schwefelwasserstoff folgendermassen:

Bleipapier oberhalb der Schwefelwasserstoffentwickelung

Distanz in Metern	125	120 90 70	55 45	30
Reaction . . .	sehr schwach gelblich braun	schwach braun	deutlich braun	schwarz

Bleipapier unterhalb der Schwefelwasserstoffentwickelung

Distanz in Metern	15 28[1]) 65 120 150 200 260	270 295 300	340	370 375 380 440
Reaction . . .	schwarz oder stark braun	schwach braun	sehr schwach gelbbraun	keine Reaction

Nach abwärts wurde die Schwefelwasserstoffausbreitung auf 340^m, nach aufwärts auf 125^m gefunden; es wurden allerdings weiter aufwärts keine Bleipapiere aufgestellt, doch war die Reaction an diesem Punkte schon eine so schwache, dass sie wohl kaum noch höher hinauf hätte verfolgt werden können. Es ist jedoch zu erklären, warum der Schwefelwasserstoff diesmal eine relativ weite

---

1) Hier waren auch Papiere im Einsteigschachte an den zum Herabsteigen dienenden eisernen Klammern befestigt; es zeigten dieselben, auch die obersten, eine intensive Reaction.

Strecke (125 m) nach aufwärts getragen wurde. Es dürfte folgenden Grund haben. Bei diesem Versuche wurden die Bleipapiere erst am folgenden Tage untersucht, schon deshalb, weil die Schwefelwasserstoffentwickelung diesmal eine viel allmählichere und also länger andauernde gewesen. Es konnte auch noch am folgenden Tage am Ort der Schwefelwasserstoffentwickelung und eine ziemliche Strecke darüber hinaus deutlich Schwefelwasserstoffgeruch wahrgenommen werden. Nun war jedoch am folgenden Tage (vgl. Versuch V) im Kanal ein aufsteigender Luftstrom zu constatiren, der demnach das weite Vordringen des Schwefelwasserstoffs nach aufwärts erklärt.

Fassen wir diesen Versuch wieder tabellarisch zusammen.

Versuch IV. Tabelle XXXII.

		Barometer	Temperatur		relative Feuchtigkeit	Richtung und Stärke des Windes	Schwefelwasserstoffausbreitung
				Differenz zwischen Kanal- u. atmosph. Luft			
Col. 1		2	3	4	5	6	7
Atmosphäre .	8h	700,5	— 1,4	10	71	SW_5	
	2h	701,6	— 0,7	9,3	52	W_6	
Schlachthauskanal . .	.	.	8,6	. . .	80—90	grösstentheils + (bis 0,70) im Endstück —	340 m + (0,144 pr. Sec.) 125 m —
Ventilationsöffnungen .	.	.	.	. . .	.	4 mal —, 1 mal ±, 1 mal 0	
Seitenkanäle(3)	.	.	.	. . .	.	2 mal + 1 mal — (0,83)	
Seiteneingänge (3) .	.	.	.	. . .	.	an der Sohle + an der Decke —	

Diesmal war die Windrichtung in der Atmosphäre der der Kanalluft zum Theil parallel, zum Theil (im letzten Ende des Kanals) entgegengesetzt.

V. Versuch, 21. Jan. 1881.

Eingestiegen wurde diesmal in den Schacht an der Gasanstalt, 567 m oberhalb der Mündung in den Glockenbach, während in allen übrigen Versuchen das Einsteigen am sog. Fremdeneingang ca. 390 m oberhalb des unteren Kanalendes erfolgte. In diesem Versuch, der nur zur Controle der Schwefelwasserstoffentwickelung (vgl. oben) angestellt worden war, herrschte im Kanal selbst eine constant aufsteigende Luftströmung. An den untersuchten 10 Strasseneinläufen war allenthalben ein Ausströmen der Luft aus dem Kanal wahrzunehmen. In den untersuchten Hausentwässerungen war in vier Fällen eine schwache Luftströmung gegen die Häuser gerichtet; in einem Fall war das Verhalten ein umgekehrtes.

Versuch V. Tabelle XXXIII.

		Barometer	Temperatur	Temperatur: Differenz zwischen Kanal- u. atmosph. Luft	relative Feuchtigkeit	Richtung und Stärke des Windes
Col. 1		2	3	4	5	6
Atmosphäre . .	8h	717,5	— 11,1	18,6	84	W_3
	2h	718,2	— 9,5	17,0	64	W_2
Schlachthauskanal . . .	.	.	+ 7,5	. . .	.	allenthalben —
Hausanschlüsse	.	.	.	. . .	.	1 mal + 4 mal —
Strasseneinläufe	.	.	.	. . .	.	10 mal —

Auch in diesem Falle ist ein Einfluss des Windes nicht zu constatiren; dessen Richtung ist der der Luftströmung im Kanal direct entgegengesetzt. Keineswegs kann darin die Ursache für das hier im Schlachthauskanal zum ersten Mal auftretende constante Aufwärtsströmen der Luft gelegen sein. Vielleicht haben wir dagegen in der hohen Temperaturdifferenz, der höchsten von den bisher beobachteten, den Grund zu suchen; wir werden später bei der Discussion der die Luftbewegung veranlassenden Momente etwas näher darauf eingehen.

VI. Versuch, 31. Jan. 1882.

Bei einer Aussentemperatur von + 0,5° hatte die Luft im Kanal + 5,8°; die Differenz betrug 5,3°. (Temperatur des Kanalwassers + 6°, Höhe desselben 16 — 20 cm.)

Die Luftbewegung war in diesem Falle eine nur wenig gleichmässige. Nicht nur, dass verschiedene Stellen des Kanals verschiedene Luftströmungen darboten, es zeigten auch die verschiedenen Höhen eines und desselben Kanalprofils wechselnde Verhältnisse. An der Kanalsohle, also an der Wasseroberfläche, war die Tendenz eine fast durchwegs aufsteigende, also der Strömung des Wassers entgegengesetzte. Die höheren Luftschichten an der Decke zeigten für den grösseren Theil der begangenen Strecke das entgegengesetzte Verhalten: die Luft strömt hier meist nach abwärts; in der Mitte, d. h. in der halben Höhe des Profils, war vielfach vollkommene Stille, resp. die Luft stieg senkrecht in die Höhe auf, um an der Decke in die der unteren Luftströmung entgegengesetzte Richtung umzuschlagen. Dort jedoch, wo sowohl an der Decke als am Wasser gleiche (aufsteigende) Luftströmung vorhanden war, besassen natürlich auch die mittleren Luftschichten dieselbe Bewegung.

Dabei war jedoch in allen diesen Fällen die Geschwindigkeit, mit der die Luft sich bewegte, eine sehr geringe, anemometrisch nicht bestimmbar, unter $0{,}15^{m}$ in der Secunde.

Von den sieben untersuchten Strasseneinläufen strömte die Luft in vier Fällen von der Strasse in den Kanal hinein, in zweien war die Richtung eine umgekehrt aus dem Kanal nach aussen hin gerichtete.

Von acht Hausentwässerungen strömte in sechs Fällen die Luft in den Kanal hinein, in zweien umgekehrt gegen das Haus hin. Wir wollen diese Daten in ihrer räumlichen Aufeinanderfolge in einer besonderen Tabelle zusammenstellen. Die Strömungsrichtung senkrecht in die Höhe wollen wir hierbei mit ⊥ bezeichnen. Die Buchstaben *a*, *b*, *c* beziehen sich wieder auf das Profil Fig. 1.

Tabelle XXXIV.

Richtung und Stärke des Luftstroms

	im Schlachthauskanal			in den Strassen-einläufen	in den Hausan-schlüssen
	a	*b*	*c*		
am Einsteigschacht . .	—	. . .	+	+	+
50^{m} unterhalb	—	—	—	+	. . .
100^{m} „	—	⊥	+	—	+
					+0,65
150^{m} „	—	⊥	+	. . .	+0,37
					—
				+0,56	+
200^{m} „	—	⊥	+	+0,53	+0,37
				—	. . .
				—	—
vor Einmündung des Krankenhauskanals . .	+	+	+	. . .	. . .

Wir wollen schliesslich noch das Gesammtresultat dieses Versuchs tabellarisch zusammenstellen.

Versuch VI. Tabelle XXXV.

		Barometer	Temperatur	Differenz zwischen Kanal- u. atmosph. Luft	relative Feuchtigkeit	Richtung und Stärke des Windes
Col. 1		2	3	4	5	6
Atmosphäre . .	8^h	726,2	+ 0,5	5,3	92	NE_1
	2^h	729,1	+ 1,3	4,5	78	NE_4
Schlachthaus-kanal . . .	.	.	+ 5,8	. . .	.	an der Decke bald + bald — an der Sohle fast nur — in der Mitte 0
Strasseneinläufe	.	.	.	. . .	.	4 mal +, 3 mal — (bis 0,56)
Hausanschlüsse .	.	.	.	. . .	.	6 mal +, 2 mal — (bis 0,65)

Werfen wir nun einen Rückblick auf diese Untersuchungen, indem wir sie zum besseren Vergleich neben einander gruppiren, mit besonderer Berücksichtigung der Temperaturdifferenzen und äusseren Luftströmungen (s. Tab. XXXVI). —

Wenn wir zuerst einen Vergleich mit den von Rózsahegyi im Sommer angestellten Versuchen unternehmen, so finden wir insofern eine Uebereinstimmung, als auch bei diesen Beobachtungen im Kanal selbst der absteigende Luftstrom überwog. Ein Vergleich bezüglich der Intensität erscheint bei den so grossen Schwankungen nicht zulässig. Bei den Hausöffnungen scheint im Winter eine entschiedenere Tendenz zum Ansaugen der Luft zu Tage zu treten, während in den Untersuchungen des Sommers häufiger Windstille zu beobachten war. Es erklärt sich dies aus der niederen Temperatur der Sielluft im Winter 6—8° (gegen 11,5° im Sommer), so dass die Luft im Hause, besonders aber die Luft im Abtrittrohr, das ja vielfach mit einer Wärmequelle versehen ist, leicht eine höhere Temperatur und also ein geringeres specifisches Gewicht besitzt als die Kanalluft.

Unter einander selbst verglichen geben diese Versuche noch kein klares Bild über die Mächtigkeit des Einflusses, den die ein-

Tabelle XXXVI. **Versuche im Schlachthauskanal.**

Versuch	Temperaturdifferenz	Richtung und Stärke des Windes: im Freien	im Schlachthauskanal +	im Schlachthauskanal −	in den Hausanschlüssen +	in den Hausanschlüssen −	in den Strasseneinläufen +	in den Strasseneinläufen −	in den Ventilationsöffnungen +	in den Ventilationsöffnungen −	in den Seiteneingängen +	in den Seiteneingängen −	Schwefelwasserstoffausbreitung +	Schwefelwasserstoffausbreitung −
I	11,5—9	O-E_1	ausschliessl. (unter 0,29 m)	. . .	4 mal	12 mal	. . .	überwiegend	. . .	überwiegend	. . .	. . .	245 m	55 m
II	10,9—9,2	W_1	überwiegend (unt. 0,16)	im untersten Kanalende (bis 0,22)	abwechselnd (bis 0,33)		. . .	. . .	abwechselnd		. . .	. . .	145	105
III	16,2—14,7	E_6-E_3	ausschliessl. (bis 0,64)	. . .	. . .	überwiegend	. . .	. . .	überwiegend (0,35 bis 0,47)	. . .	an der Sohle	an der Decke	. . .	. . .
IV	10—9,3	SW_5-W_6	überwiegend (bis 0,70)	im untersten Kanalende	. . .	. . .	. . .	. . .	4 mal (1 mal +) (1 mal 0)	. . .	an der Sohle	an der Decke	340	125
V	18,6—17	W_3-W_2	. . .	ausschliessl.	1 mal	4 mal	. . .	10 mal	. . .	. . .	. . .	. . .	. . .	. . .
VI	5,3—4,5	NE_1-NE_4	meist an der Decke	hauptsächlich an der Sohle, stellenweise auch an der Decke	6 mal (bis 0,65)	2 mal	4 mal (bis 0,56)	3 mal	. . .	. . .	. . .	. . .	. . .	. . .

zelnen Factoren ausüben könnten, zum Theil auch deshalb, weil verschiedener äusserer Umstände halber noch nicht vollkommen einheitlich bei der Untersuchung vorgegangen werden konnte.

Einiges lässt sich immerhin schon erörtern; so die Bedeutung des Windes. Derselbe scheint in keiner Weise ausschlaggebend zu sein für die Richtung des Luftstroms im Kanal selbst. Abgesehen davon, dass in letzterem wiederholt die entgegengesetzte Richtung vorhanden ist, wie in der Atmosphäre, finden wir auch, dass bei gleichartiger äusserer Windrichtung einander entgegengesetzte Luftströmungen im Kanal erscheinen können (Versuch V gegenüber Versuch II und IV).

Ein vielleicht recht beachtenswerthes Zusammentreffen ist in Versuch V, dem einzigen Versuch, bei dem allenthalben aufsteigende Luftströmung im Kanal zu beobachten war. Es coincidirt dieser Befund mit der höchsten Temperaturdifferenz; doch ist zu beachten, dass z. B. die Temperaturdifferenz von Versuch III dieser letzteren recht nahe kommt; trotzdem besitzt die Luftströmung die entgegengesetzte Richtung. Von Wichtigkeit ist wohl auch noch, dass bei diesem Versuch V in überwiegender Menge ein Ausströmen der Luft zu den Strasseneinläufen stattfindet, wie dies auch in Versuch I sich documentirt. Aber noch ein anderer Umstand ist in Betracht zu ziehen. Versuch V ist der einzige an einem Freitag angestellte Versuch. Am Freitag wird nun im Schlachthaus eine etwas aussergewöhnliche Thätigkeit entfaltet; es ist dies der Hauptschlachttag für Schweine wie für Kälber. Insbesondere werden an diesem Tage die vier grossen kupfernen Brühkessel von je 2^m Durchmesser stark in Anspruch genommen. Aus diesen Kesseln fliesst das Abwasser durch in den Kesseln angebrachte gelochte Kupferbleche in Schlammreserven und von hier in die Rohrstränge der Kanalisation [1]). Auf diese Weise konnte denn eine relativ stärkere Erwärmung des obersten Kanalendes erfolgen, in welches diese hoch temperirten Abwässer hineingelangen, und dadurch die aufsteigenden Luftströme im Kanal begünstigt werden.

Der Einfluss des strömenden Wassers tritt nicht deutlich zu Tage; wohl geht die Luftströmung in vielen Fällen demselben

1) Der Vieh- u Schlachthof in München (München 1880) S. 8 u. 9.

parallel, allein in Versuch V ist die Richtung eine vollkommen entgegengesetzte und in Versuch VI tritt sogar das eigenthümliche Verhalten zu Tage, dass die unteren, dem Wasser näheren Luftschichten eine demselben entgegengesetzte, die oberen eine parallele Strömungsrichtung zeigen.

Es gibt uns dies natürlich nur so weit das Recht zu einem Urtheil, als wir sagen können, der Einfluss des strömenden Wassers kann durch andere Momente eliminirt werden. Wir werden später noch directe Untersuchungen über Natur und Grösse dieses Einflusses bringen.

II. Gruppe. Untersuchungen im Stammsiel der Amalien-, Schelling- und Ludwigsstrasse.

Die begangene Strecke von der Kreuzung der Amalien- mit der Schellingstrasse bis zum Einsteigschacht an der Universität hat eine Länge von ca. 400^{m}. Das Gefälle beträgt in den oberen Theilen (Amalienstrasse) 1 : 755, in den unteren Theilen 1 : 710 (Schellingstrasse) und 1 : 200 (Ludwigsstrasse). Das Siel ist $2{,}04^{m}$ hoch, $1{,}16^{m}$ weit.

VII. Versuch, 9. Febr. 1881.

Bei einer Temperatur der Atmosphäre von + 2,5 und der Kanalluft von 5 (Temperaturdifferenz von 2,5°) verlief dieser Versuch unter etwas abnormen Bedingungen. In Folge des in dieser Zeit herrschenden Thauwetters und der Niederschläge vom 8. bis 9. Februar (am 8. Febr. $1{,}2^{mm}$, am 9. Febr. $4{,}1^{mm}$) war nämlich der Wasserstand zu einer sehr bedeutenden Höhe, bis 60^{cm}, also fast zu ⅓ der Sielhöhe gestiegen; dem entsprechend war auch die Schnelligkeit, mit der das Wasser strömte, eine erhöhte.

Der Luftstrom bewegte sich in diesem Falle im Kanal selbst, dem Wasser entlang, nach abwärts und zwar mit wechselnder Geschwindigkeit, oft anemometrisch nicht nachweisbar.

In den verschiedenen Punkten des Querschnitts (vgl. Fig. 1) fand sich

am unteren Kanalende				am oberen Kanalende
a	*b*	*c*	*d*	*b*
0,232	0,408	0,296	nicht messbar	0,271

zelnen Factoren ausüben könnten, zum Theil auch deshalb, weil verschiedener äusserer Umstände halber noch nicht vollkommen einheitlich bei der Untersuchung vorgegangen werden konnte.

Einiges lässt sich immerhin schon erörtern; so die Bedeutung des Windes. Derselbe scheint in keiner Weise ausschlaggebend zu sein für die Richtung des Luftstroms im Kanal selbst. Abgesehen davon, dass in letzterem wiederholt die entgegengesetzte Richtung vorhanden ist, wie in der Atmosphäre, finden wir auch, dass bei gleichartiger äusserer Windrichtung einander entgegengesetzte Luftströmungen im Kanal erscheinen können (Versuch V gegenüber Versuch II und IV).

Ein vielleicht recht beachtenswerthes Zusammentreffen ist in Versuch V, dem einzigen Versuch, bei dem allenthalben aufsteigende Luftströmung im Kanal zu beobachten war. Es coincidirt dieser Befund mit der höchsten Temperaturdifferenz; doch ist zu beachten, dass z. B. die Temperaturdifferenz von Versuch III dieser letzteren recht nahe kommt; trotzdem besitzt die Luftströmung die entgegengesetzte Richtung. Von Wichtigkeit ist wohl auch noch, dass bei diesem Versuch V in überwiegender Menge ein Ausströmen der Luft zu den Strasseneinläufen stattfindet, wie dies auch in Versuch I sich documentirt. Aber noch ein anderer Umstand ist in Betracht zu ziehen. Versuch V ist der einzige an einem Freitag angestellte Versuch. Am Freitag wird nun im Schlachthaus eine etwas aussergewöhnliche Thätigkeit entfaltet; es ist dies der H a u p t - s c h l a c h t t a g für Schweine wie für Kälber. Insbesondere werden an diesem Tage die vier grossen kupfernen Brühkessel von je 2^{m} Durchmesser stark in Anspruch genommen. Aus diesen Kesseln fliesst das Abwasser durch in den Kesseln angebrachte gelochte Kupferbleche in Schlammreserven und von hier in die Rohrstränge der Kanalisation[1]). Auf diese Weise konnte denn eine relativ stärkere Erwärmung des obersten Kanalendes erfolgen, in welches diese hoch temperirten Abwässer hineingelangen, und dadurch die aufsteigenden Luftströme im Kanal begünstigt werden.

Der Einfluss des strömenden Wassers tritt nicht deutlich zu Tage; wohl geht die Luftströmung in vielen Fällen demselben

1) Der Vieh- u Schlachthof in München (München 1880) S. 8 u. 9.

parallel, allein in Versuch V ist die Richtung eine vollkommen entgegengesetzte und in Versuch VI tritt sogar das eigenthümliche Verhalten zu Tage, dass die unteren, dem Wasser näheren Luftschichten eine demselben entgegengesetzte, die oberen eine parallele Strömungsrichtung zeigen.

Es gibt uns dies natürlich nur so weit das Recht zu einem Urtheil, als wir sagen können, der Einfluss des strömenden Wassers kann durch andere Momente eliminirt werden. Wir werden später noch directe Untersuchungen über Natur und Grösse dieses Einflusses bringen.

II. Gruppe. Untersuchungen im Stammsiel der Amalien-, Schelling- und Ludwigsstrasse.

Die begangene Strecke von der Kreuzung der Amalien- mit der Schellingstrasse bis zum Einsteigschacht an der Universität hat eine Länge von ca. 400^{m}. Das Gefälle beträgt in den oberen Theilen (Amalienstrasse) 1 : 755, in den unteren Theilen 1 : 710 (Schellingstrasse) und 1 : 200 (Ludwigsstrasse). Das Siel ist 2,04^{m} hoch, 1,16^{m} weit.

VII. Versuch, 9. Febr. 1881.

Bei einer Temperatur der Atmosphäre von + 2,5 und der Kanalluft von 5 (Temperaturdifferenz von 2,5^{0}) verlief dieser Versuch unter etwas abnormen Bedingungen. In Folge des in dieser Zeit herrschenden Thauwetters und der Niederschläge vom 8. bis 9. Februar (am 8. Febr. 1,2^{mm}, am 9. Febr. 4,1^{mm}) war nämlich der Wasserstand zu einer sehr bedeutenden Höhe, bis 60^{cm}, also fast zu 1/3 der Sielhöhe gestiegen; dem entsprechend war auch die Schnelligkeit, mit der das Wasser strömte, eine erhöhte.

Der Luftstrom bewegte sich in diesem Falle im Kanal selbst, dem Wasser entlang, nach abwärts und zwar mit wechselnder Geschwindigkeit, oft anemometrisch nicht nachweisbar.

In den verschiedenen Punkten des Querschnitts (vgl. Fig. 1) fand sich

am unteren Kanalende				am oberen Kanalende
a	*b*	*c*	*d*	*b*
0,232	0,408	0,296	nicht messbar	0,271

Die Strasseneinläufe führten sämmtlich viel Wasser, die Luftströmung war jedoch auch hier ungleichmässig; es trat z. B. auch der Fall ein, dass zwei einander gerade gegenüber ausmündende Röhren die entgegengesetzte Luftströmung zeigten, so dass man unwillkürlich an die Verhältnisse in einem Zimmer oder sonstigen abgeschlossenen Raum erinnert wurde, in welchem durch zwei einander gegenüberliegende Oeffnungen ein Luftaustausch bewirkt wird.

Auch die Hausanschlüsse wechselten in der Richtung der Luftströmung (vgl. Tab. XXXVII), wenn auch die Tendenz des Einströmens gegen die Häuser zu vorherrschte.

Ein Schwefelwasserstoffversuch, der hier angestellt wurde, stimmte in seinen Resultaten mit der oben gewonnenen Erfahrung über die Luftströmung im Kanal überein. Hier war das Gefäss mit Schwefeleisen durch einen Schacht in den Kanal (über halbe Höhe des Profils) herabgelassen und wurde die Säure von aussen eingegossen.

	Bleipapier oberhalb der Schwefelwasserstoffentwickelung							
Distanz in Metern . .	210	180	120	90	60	35	20	6
Reaction	ohne Reaction			gelblich	schwarz od. braun			

	Bleipapier unterhalb der Schwefelwasserstoffentwickelung				
Distanz in Metern . .	27	57	87	117	150
Reaction	schwarz oder braun				

Entsprechend der vorwiegend abwärts gerichteten Luftströmung sehen wir auch hier die Schwefelwasserstoffverbreitung mehr nach abwärts (über 150^m) als nach aufwärts 60—90^m erfolgen.

Versuch VII. Tabelle XXXVII.

		Barometer	Temperatur	Temperatur: Differenz zwischen Kanal- u. atmosph. Luft	relative Feuchtigkeit	Richtung und Stärke des Windes	Schwefelwasserstoffausbreitung
Col. 1		2	3	4	5	6	7
Atmosphäre . .	8^h	705,1	+2,5	2,5	84	SW_3	
	2^h	708,1	+2,7	2,3	79	W_4	
Stammsiel . .	.	.	+5	. . .	95	überall + (0,23—0,41)	150^m +, 90^m —
Hausanschlüsse .	.	.	.	. . .	.	3 mal +, 8 mal —	
Strasseneinläufe	.	.	.	. . .	.	3 mal +, 4 mal —	
Aufzugsschacht	.	.	.	. . .	.	—	
Seiteneingang .	.	.	.	. . .	.	an der Sohle + an der Decke —	

VIII. Versuch, 12. Febr. 1881.

Bei diesem Versuche hatte das Wasser im Kanal die gewöhnliche Höhe von ca. 25 cm und eine Temperatur von 5,5° C.; die Lufttemperatur war zu Beginn im Freien — 4,7, im Kanal 6,7 (Temperaturdifferenz 11,4).

Die Luftströmung im Hauptkanal hatte diesmal fast ausschliesslich eine aufsteigende Richtung; nur an einer Stelle, ca. 200 m oberhalb der Einsteigstelle, zeigte sich für eine kurze Zeit von 2 bis 3 Minuten ein absteigender Luftstrom; derselbe fiel der Zeit nach zusammen mit der vom Diener vorgenommenen Oeffnung des Einsteigschachtes.

Die Intensität der Luftströme wechselte von fast Windstille bis zu 0,36 und darüber; das einmal constatirte Abwärtsströmen geschah mit einer Geschwindigkeit von 0,25 m pro Secunde.

Haus- und Strasseneinläufe variirten wieder in der Richtung und Stärke des Luftstroms ohne besonderes Ueberwiegen einer Richtung, in drei Hauscommunicationen war sogar während des Versuches ein Umschlagen der Luftströmung in die entgegengesetzte zu beobachten. Von den in dieses Stammsiel einmündenden Haupt- und Nebensielen ist in erster Linie eines Kanals zu erwähnen, der von dem am Universitätsplatz befindlichen Brunnen seinen Ausgang nimmt; in diesem war ein ziemlich starker, aufsteigender Luftstrom wahrzunehmen, dessen Intensität war

in *a* 1,288 *b* 1,208 *c* 1,36
(Meter pro Secunde).

An der Kreuzungsstelle der Ludwigs- und Schellingstrasse mündet ein leerer Seitenkanal. Derselbe endigt blind, da die an ihn anzuschliessenden Strecken noch nicht ausgebaut sind. In demselben befindet sich an der Seitenwand, etwas über der Mitte der Höhe, eine schräg nach aussen an die Oberfläche gehende Röhre von 14 cm Durchmesser, durch welche ein ausserordentlich intensiver Luftstrom nach innen in den Kanal eintritt. Das Eindringen der kalten äusseren Luft erfolgt so mächtig, dass Nebelbildung auftritt; auch hatte sich auf der der Oeffnung gegenüberliegenden Kanalwand eine Schneelage gebildet. Zu bemerken ist hierbei, dass Rohr wie Kanal selbst sehr nahe der Oberfläche liegen. An dieser

Stelle betrug die Temperatur der Kanalluft 4,5° C., also die Differenz gegenüber der Aussentemperatur ca. 9° C.

Die Schnelligkeit, mit der die Luft einströmte, wurde mit 2,05 bis 2,99 m in der Secunde bestimmt. Sie war so gross, dass die Bewegung der Anemometerflügel deutlich als Summen hörbar wurde.

Versuch VIII. Tabelle XXXVIII.

		Barometer	Temperatur	Differenz zwischen Kanal- u. atmosph. Luft	relative Feuchtigkeit	Richtung und Stärke des Windes
Col. 1		2	3	4	5	6
Atmosphäre . .	8h	707,8	— 4,7	11,4	77	W_3
	12h	708,7	— 2,8	9,5	67	W_2
Stammsiel . . .	.	.	+ 6,7	. . .	80—90	während 2—3 Min. + (bis 0,25) fast ausschliesslich — (bis 0,36)
Hausanschlüsse .	.	.	.	. . .	.	4 mal + 4 mal — 3 mal ± (bis 0,264) (bis 1,38)
Strasseneinläufe .	.	.	.	. . .	.	4 mal + 4 mal — (bis 0,74)
Nebensiel . .	.	.	.	. . .	.	1 mal — (bis 1,29)

IX. Versuch, 24. Febr. 1881.

In diesem Versuche nahm die äussere Temperatur während der Vormittagsstunden, der Zeit der Begehung des Kanals, ziemlich bedeutend zu, so dass sich die Temperaturdifferenz zwischen Kanalluft und äusserer Luft mit der Fortdauer der Untersuchung allmählich verringerte. Es ist dies ersichtlich aus

Versuch IX. Tabelle XXXIX.

		Barometer	Temperatur	Differenz zwischen Kanal- u. atmosph. Luft	relative Feuchtigkeit	Richtung und Stärke des Windes
Col. 1		2	3	4	5	6
Atmosphäre . .	8h	719,5	— 2,3	8,8	98	0
	2h	718,1	+ 6,5	0	69	NE_2
Hauptsiel . . .	.	.	+ 6,5	. . .	.	vorwiegend — (0—0,83)
Hausanschlüsse .	.	.	.	. . .	.	6 mal + 9 mal — 1 mal 0 (0—0,53) (0—0,71)
Strasseneinläufe .	.	.	.	. . .	.	8 mal +, 2 mal — (0—0,65) (0—0,91)
Nebensiele . .	.	.	.	. . .	.	1 mal +, 2 mal —

Es wurden in diesem Versuche zahlreichere Messungen der Geschwindigkeit (mittels des statischen Anemometers von Recknagel) vorgenommen, an verschiedenen Stellen des Kanals sowohl, als auch in verschiedener Höhe eines und desselben Querschnittes; sie zeigen auch wieder wenig Uebereinstimmung.

Tabelle XL.

Stärke der Luftströmung im Kanal (in Metern pro Secunde).

a—e: Stelle des Querschnitts, an dem die Bestimmung vorgenommen (vgl. Fig. 1 S. 115).

	a	*b*	*c*	*d*	*e*
I. am Einsteigschacht der Universität:					
α) zu Beginn des Versuchs, 9h	0,0 —0,37	0,37—0,48	0,65—0,70	0,0 —0,37	0,37—0,53
β) am Schluss des Versuchs, 11½h . . .	0,0 —0,15	0,26	0,15	0,0	0,26
II. 50m oberhalb I . . .	0,30—0,37	0,43	0,37	0,21—0,30	0,21—0,37
III. 140m oberhalb I, vor dem Aufzugsschacht:					
α) zu Beginn . . .	0,0 —0,30	0,30—0,37	0,56—0,62	0,0 —0,30	0,21—0,37
β) am Schluss (2 Stdn. später)	0,53—0,83	0,37—0,53	0,48	0,53	0,53—0,61
IV. 150m oberhalb I, hinter dem Aufzugsschacht .	0,0	0,37—0,53	0,53—0,65	0,65	0,21—0,37
V. 200m oberhalb I . .	0,53	0,53—0,65	0,74	0,65—0,74	0,70
VI. 360m oberhalb I . .	0,37	0,37—0,43	0,53	0,53—0,83	0,53—0,83

Da bei diesen Messungen ein sog. statisches Anemometer zur Anwendung kam, so sind bei den einzelnen Bestimmungen meist doppelte Zahlen angeführt worden. Die Strömungsintensität schwankte nämlich innerhalb fast jeder Beobachtung, so dass das Anemometer während der Zeit der Messung verschiedene Ausschläge gab; von diesen wurde dann der schwächste und stärkste notirt. Ich habe es vermieden, aus diesen beiden Zahlen ein Mittel zu ziehen, da dasselbe vielfach den thatsächlichen Verhältnissen nicht entsprochen hätte. Um ein richtiges Mittel der Geschwindigkeit zu erhalten, müsste ja in Betracht gezogen werden, wie lange die einzelnen Intensitäten, die einzelnen Luftgeschwindigkeiten vorherrschen, und dies liess sich auf diesem Wege nicht eruiren. Was jedoch in diesen Zahlen hervortritt, ist eine gewisse Zunahme der Geschwindigkeit nach oben gegen die Decke (*c*). Diese Zunahme erfolgt, trotzdem der Querschnitt des Kanals (vgl. Fig. 1) gerade nach oben zu sich vergrössert, in Folge dessen sich eher eine Verminderung der Geschwindigkeit erwarten liesse. Es liesse sich nun denken, dass der der Luftströmung im Kanal entgegengesetzte Wasserstrom einen retardirenden Einfluss ausübt, was auch nicht vollständig abgewiesen werden kann, da ja die Luft am Wasser adhärirt und von demselben wenigstens in der unmittelbar dem Wasser anhaftenden Schichte mitgerissen wird, wodurch eine Verzögerung in der Bewegung der unteren Schichten ermöglicht werden kann.

Wir können an die Resultate dieses Versuches noch eine weitere Betrachtung knüpfen. An zwei Stellen (I. und III.) wurden Messungen zu verschiedenen Zeiten angestellt. Nun hätten in dieser Zeit die Versuchsbedingungen insofern eine Aenderung erlitten, als die äussere Temperatur in fortwährender Zunahme begriffen war und die Differenz zwischen der Temperatur der Kanalluft und der der äusseren Atmosphäre immer geringer wurde. Es ist deshalb zu untersuchen, ob sich dieses auch in unseren Beobachtungen ausprägt. Bei I., am Einsteigschacht, hat es fast den Anschein: die am Schluss des Versuches gefundenen Werthe für die Geschwindigkeit sind durchwegs niedriger als die zu Anfang gewonnenen; die Differenzen sind sogar nicht unbedeutend. Dies würde also dafür sprechen, dass die Differenz zwischen der Temperatur der Kanal- und atmosphärischen Luft die Luftströmungen im Kanal beeinflusst. Es kann dieser Einfluss dennoch nicht der einzig maassgebende sein. Schon bei III., der zweiten Stelle, an der zu verschiedenen Zeiten einer und derselben Begehung untersucht wurde, sehen wir, dass die Geschwindigkeit in den meisten Punkten des Querschnitts nicht bloss keine Abnahme, sondern fast überall (nur *c* ausgenommen) eine nicht unbeträchtliche Zunahme gefunden hat.

Mit dieser Thatsache geht eine andere Erscheinung einher. Die Aufeinanderfolge der Beobachtungen I—VI. in Tab. XL ist, I. α) und III. β) ausgenommen, auch eine chronologische; die Begehung erfolgte vom unteren Kanalende nach aufwärts, so dass die mit den höheren römischen Ziffern bezeichneten Punkte auch zu einer späteren Zeit zur Untersuchung kamen.

Die mit der fortschreitenden Untersuchung abnehmende Differenz zwischen der Temperatur der Kanalluft und der der atmosphärischen Luft hat nun keineswegs eine allgemeine Abnahme der Intensität in der Luftbewegung zur Folge, ja es überwiegt sogar eine Zunahme (besonders in V. *c*, V. *d* u. *e*, VI. *d* u. *e*). Es müssen also doch noch andere Factoren herbeigezogen werden, besonders gewisse Verhältnisse der mit den Kanälen communicirenden Häuser.

In Tab. XXXIX ist auch noch die Luftströmung in den Nebensielen notirt; es ist hierbei zu bemerken, dass das in Versuch VIII erwähnte, vom Brunnen her führende Siel diesmal die entgegengesetzte, absteigende Luftströmung aufzuweisen hatte, mit folgender Intensität (in Metern pro Secunde):

	a	*b*	*c*	*d*	*e* (vgl. Fig. 1)
zu Beginn des Versuchs 9^h	0,30—0,37	0,37	0,5	0,65	0,48—0,53
am Ende „ „ 11½^h	0,37—0,43	0,48	0,30		

X. Versuch, 13. Febr. 1882.

So wie in Versuch IX nahm auch hier die Temperaturdifferenz mit der Dauer des Versuches ab und war mit Schluss desselben, 11^h, ca. 0° geworden.

Versuch X. Tabelle XLI.

		Barometer	Temperatur	Differenz zwischen Kanal- u. atmosph. Luft	relative Feuchtigkeit	Richtung und Stärke des Windes
Col. 1		2	3	4	5	6
Atmosphäre . .	8^h	725,0	— 4,5	9	80	S₁
	2^h	725,2	+ 6,3	— 1,8	34	0
Stammsiel . . .	.	.	+ 4,5	. . .	.	überall — (0—0,61^m)
Hausanschlüsse .	.	.	.	. . .	.	3 mal +, 4 mal —, 3 mal 0 (unt. 0,27) (bis 0,5)
Strasseneinläufe .	.	.	.	. . .	.	2 mal +, 5 mal — (bis 0,51^m) (bis 0,72^m)

Auch in diesem Versuche schwankte die Intensität der Luftströmung im Kanal, mittels eines Anemometers nach Combes gemessen, sowohl in verschiedenen Strecken als auch an den verschiedenen Punkten eines und desselben Querschnittes; im Allgemeinen sind die Schwankungen jedoch nur geringfügig, z. B.

	a	*b*	*c* (vgl. Fig. 1)
I. am oberen Ende der begangenen Strecke, ca. 360 m oberhalb der Einsteigstelle	0,61	0,35	0,457
II. in der Mitte	0,465		0,497
III. an der Einsteigstelle	0,42	0,40	0

In Versuch VIII ist noch eines Strasseneinlaufs in einen Seitenkanal gedacht, in welchem ein sehr heftiges Einströmen der Luft in den Kanal erfolgte. In dem hier geschilderten Versuch betrug die mittlere Luftgeschwindigkeit 1,6 m.

Entsprechend der Tab. XXXVI, in welcher sämmtliche Versuche, die im Schlachthauskanal angestellt worden waren, zusammengestellt sind, ordnen wir auch diese Versuche auf S. 76 tabellarisch neben einander.

Es gibt diese Zusammenstellung auch nur wieder wesentlich negative Resultate bezüglich des Einflusses einzelner Factoren. In erster Linie können wir wieder den Einfluss der äusseren Windströmung ausschliessen. Der Verlauf des Kanals selbst ist kein einheitlicher: erst von NE nach SW verlaufend, schlägt er sodann eine ziemlich gerade von N nach S gehende Richtung ein, um schliesslich in die Richtung von E nach W überzugehen. Sodann sehen wir, dass bei annähernd gleichen Windströmungen (Versuch VII u. VIII) die Luftbewegungen im Kanal einander entgegengesetzt sein können.

Die Differenz zwischen äusserer und Kanaltemperatur lässt sich für diese Versuche auch nicht als ausschliessliche Triebkraft verwerthen; es ist dies bei der Discussion von Versuch IX ausführlich erörtert worden. Durch Vergleiche von Versuch VIII einerseits mit Versuch IX und X andererseits sehen wir ferner, dass dieselben Luftströmungen im Kanal herrschen, während die Temperaturdifferenzen sehr verschieden hohe sind, von 11,4° bis zu 0° schwanken, ja in einem Falle schliesslich eine Umkehrung stattfindet, indem die Aussenluft wärmer wird als die Kanalluft.

Tabelle XLII.

Versuche im Stammsiel der Amalien-Schelling-Ludwigsstrasse.

Versuch	Temperatur-differenz	Richtung und Stärke des Windes									Schwefelwasserstoff-ausbreitung	
		im Freien	im Stammsiel		in den Hausanschlüssen		in den Strasseneinläufen		in den Seiteneingängen			
			+	—	+	—	+	—	+	—	+	—
VII	2,5 bis 2,3	SW_3-W_4	aus-schliessl. (bis 0,41 m)	. . .	3 mal	8 mal	3 mal	4 mal	an der Sohle	an der Decke	150	90
VIII	11,4 bis 9,5	W_3-W_2	durch 2—3 Min.	fast aus-schliessl.	4 mal (0,0 bis 0,264)	4 mal (0,0 bis 1,38)	4 mal + (bis 0,74)	4 mal —	"	"	. . .	. . .
					(3 mal ±)							
IX	8,8 bis 0	0-NE_2	. . .	aus-schliessl. (bis 0,83 m)	6 mal (0,0 bis 0,53)	9 mal (bis 0,71)	8 mal (bis 0,65)	2 mal (bis 0,91)	"	"	. . .	. . .
					(1 mal 0)							
X	9,0 bis –1,8	S_1-0	. . .	aus-schliessl. (bis 0,61 m)	3 mal (unt. 0,27)	4 mal (bis 0,5)	2 mal (bis 0,51)	5 mal (bis 0,72)	"	"	. . .	. . .
					(3 mal 0)							

Aus dieser Versuchsreihe liesse sich auch noch ein Einfluss des strömenden Wassers auf die Luftbewegung erschliessen und zwar in Versuch VII, wo ein abnorm hoher Stand des Kanalwassers eingetreten war. Es ist dies der einzige Versuch, bei welchem in diesem Sielstrang ein constantes Abwärtsströmen der Kanalluft wahrzunehmen war, für welches, wie eben auseinandergesetzt, die Temperaturdifferenz allein als Erklärungsgrund nicht hinreicht. Bei dem hohen Wasserstande treten dagegen als günstige Momente für den Einfluss auf die Luftbewegung folgende Umstände ein. Die Fläche, auf der eine Berührung von Wasser und Luft stattfindet, wird grösser; ferner ist bei der grossen Wassermasse die Geschwindigkeit, mit der das Wasser den Kanal durchströmt, und die sich ja den aufruhenden Luftschichten mittheilt, eine grössere. Sodann wird aber in dem Maasse, als das Wasser steigt, der von der Luft erfüllte Raum kleiner, die ganze Luftmasse, die zu bewegen ist, ist eine geringere.

Auch in der Discussion des Versuchs IX haben wir angedeutet, dass vielleicht in diesem Falle der Einfluss des Wasserstromes es verursachen konnte, dass fast constant in den höheren Schichten eine, dem Wasserstrom entgegengesetzte, grössere Luftgeschwindigkeit herrschte als in den unteren, am Wasser befindlichen Schichten, wo die durch die Bewegung des Wassers veranlasste Mitbewegung der Luft wenigstens eine Verzögerung herbeiführen konnte.

Wir haben bei diesen Versuchen vorwiegend auf die Strömung im Siele selbst geachtet; es dürfte aber zweckmässig sein, auch den Communicationen mit der Aussenluft und den Häusern ein Augenmerk zuzuwenden und zu untersuchen, wie ein und dieselbe Ausmündung sei es eines Hausanschlusses, sei es eines Strasseneinlaufs an den verschiedenen Versuchstagen sich verhielt. Indem wir wieder die alte Bezeichnung + und — für die Richtung der Strömung wählen, erhalten wir folgende zwei Zusammenstellungen auf Tab. XLIII und Tab. XLIV.

Tabelle XLIII.

Versuch	VII	VIII	IX a[1])	IX b	X
Temperaturdifferenz . .	2,5 bis 2,3	11,4 bis 9,5	8,5 bis 2,5	8,8 bis 0	9 bis —1,8
Temperatur der Kanalluft	+5	+6,7	+6	+6,5	+4,5
Col. 1	2	3	4	5	6
Hausanschluss Nr. I . .	—	—	—	—	+
II . .	—	—	—	—	+
III . .	—	—	—	—	+
IV . .	0	—	—	0	. . .
V . .	+	+	. . .	+	0
VI . .	—	±	+	—	0
VII . .	. . .	+	. . .	—	—
VIII . .	+	. . .	. . .	. . .	. . .
IX . .	+	+	—	—	0
X . .	—	+	—	+	—
XI . .	—	±	+	+	—
XII . .	—	—	—	—	. . .
XIII . .	—	—	+	+	—
XIV . .	. . .	. . .	. . .	—	. . .
XV . .	. . .	. . .	. . .	. . .	+

Eine Constanz in den Strömungsrichtungen ist nicht vorhanden; jene Communicationen, die in allen vier resp. fünf Untersuchungen geprüft wurden (8), geben wechselnde Resultate. Die Ursachen hiervon können in verschiedenen Verhältnissen gelegen sein. Wir werden sie weniger in der Temperatur der Kanalluft oder in der äusseren Lufttemperatur und der Differenz beider zu suchen haben, als vielmehr in den Verhältnissen im Hause selbst, in der Lage der Abtritte, ihrer Ventilation, den Abtrittröhren, den Verschlüssen etc. Auch in den Strasseneinläufen tritt eine Beeinflussung durch die äusseren Verhältnisse nicht deutlich hervor, wie aus Tab. XLIV (auf S. 79) ersichtlich ist.

Wir haben hier ebenfalls wechselnde Befunde, je nach den verschiedenen Versuchstagen, ohne dass sich directe Beziehungen zu den Temperaturverhältnissen der äusseren Luft finden liessen.

1) Bei diesem nicht gesondert besprochenen Versuche wurde nur eingegangen, um die Reaction von Bleipapieren auf etwaige spontane Schwefelwasserstoffentwickelung zu constatiren (der Erfolg war ein negativer). Die Luftströmung im Stammsiel war an diesem Tage constant nach aufwärts gerichtet.

Tabelle XLIV.

Versuch	VII	VIII	IX	X
Temperaturdifferenz . . .	2,5 bis 2,3	11,4 bis 9,5.	8,8 bis 0	9 bis —1,8
Temperatur der Kanalluft .	+ 5	+ 6,7	+ 6,5	+ 4,5
Col. 1	2	3	4	5
Strasseneinlauf Nr. I . .	—	+	+ 0,458	—
II . .	—	. . .	+ 0,53	+
III . .	+	—	— 0,15	—
IV . .	. . .	. . .	—	. . .
V . .	+	. . .	+ 0,65 —0,9	— 0,51
VI . .	—	. . .	+	— 0,51
VII . .	+	+ 0,55	0	. . .
VIII . .	—	+ 0,264	—	. . .
IX . .	. . .	—	+ 0,15	— 0,62
X . .	. . .	—	+ 0,21	— 0,72

Vielleicht liegt dies jedoch an den im Ganzen für die Entscheidung der Frage ungünstigen Temperaturverhältnissen der Atmosphäre, insofern bei nicht genug niedrigen Temperaturen experimentirt werden musste und auch die Schwankungen innerhalb eines Versuchs bedeutende waren.

Im Vergleich zu den in der Sommerzeit von Dr. Rózsahegyi angestellten Versuchen ist hervorzuheben, dass bezüglich der Hausanschlüsse und Strasseneinläufe analoge Verhältnisse constatirt wurden, insofern als sich beide Strömungsrichtungen vertreten fanden, allerdings mit Ueberwiegen des Einströmens gegen die Häuser. Die allgemeine Luftströmung im Kanal selbst zeigte dagegen nur in einem Falle (Versuch VII) Uebereinstimmung.

III. Gruppe. Untersuchungen im Nebensiel der Findling- bis Landwehrstrasse.

Die zur Untersuchung herbeigezogene Kanalstrecke, die, im Gegensatze zur früheren, im oberen Theil des Sielnetzes der Max-Ludwigsvorstadt sich befindet, hat eine Länge von 550^{m}. Das Gefälle beträgt in der Findlingstrasse 1 : 1000, in der Schillerstrasse bis zur Landwehrstrasse 1 : 520. Die Profile sind 1,5 $\times$ 0,84 und 1,47 $\times$ 0,82. Der Verlauf des Kanals ist anfänglich (Findlingstrasse) von Ost nach West, später (Schillerstrasse) von Süd nach Nord gerichtet.

Da hier nur zwei Versuche angestellt worden waren, so wollen wir dieselben sofort gemeinsam in eine Tabelle gruppiren; wir sind hierdurch, indem wir immer die gleichen Localitäten mit den dazu gehörigen Befunden neben einander stellen, in den Stand gesetzt, sofort Vergleiche anzustellen.

Die allgemeinen meteorologischen Verhältnisse waren in diesen beiden Versuchen folgende:

Tabelle XLV.

		Barometer	Temperatur	relative Feuchtigkeit	Richtung und Stärke des Windes	Temperatur der Kanalluft	Temperatur-differenz zwischen Kanal- und atmosph. Luft
Col. 1		2	3	4	5	6	7
Versuch XI 17. März 1881	8h	726,5	− 1,1	48	W_1	4,5	5,6
	2h	726,1	+ 8,1	20	W_1		− 3,6
Versuch XII 18. März 1882	8h	717,2	+ 0,1	89	E_1	5,5	5,4
	2h	717,2	+ 2,9	79	N_2		2,6

In der folgenden Tab. XLVI sind neben der Strömungsrichtung der Kanalluft auch die Luftgeschwindigkeiten in Metern pro Secunde verzeichnet, soweit sie gemessen wurden. Die Messung geschah hier mittels eines Recknagel'schen statischen Anemometers, und sind deshalb diese Geschwindigkeiten nicht als mittlere Geschwindigkeiten, sondern meist als Maxima anzusehen (vgl. S. 72). (Häufig findet sich auch in der Klammer eine 0 beigegeben; sie bedeutet, dass während des Versuchs zeitweilig die Luftströmung eine so schwache gewesen, dass sie an dem Anemometer keinen Ausschlag hervorbrachte.)

In Versuch XI sehen wir zunächst, dass die Luftströmungen im Kanal selbst diesmal recht inconstante Befunde geben: bald überwiegt das Aufwärtsströmen der Kanalluft, bald die entgegengesetzte Bewegung; und dabei ist nicht etwa der einzige Grund darin zu suchen, dass die Temperaturdifferenz während des Versuches allmählich abnimmt und gegen das Ende desselben sich sogar umkehrt, indem die äussere Luft wärmer wird als die Kanalluft; denn wir finden am Anfang und Ende des Versuchs gleiche Strömungsrichtungen (Nr. 1, 3 u. 43). Auch tritt wiederholt die Erscheinung zu Tage, dass an der Oberfläche des Wassers die Luft eine der Bewegung des Wassers entgegengesetzte Richtung besitzt. Allerdings führte der Kanal an diesem Tage eine höchst geringe Wassermenge, ca. 10^{cm} Höhe, und war dem entsprechend auch die Geschwindigkeit, mit der es sich bewegte, eine minimale.

Dieser Wechsel in der Richtung der Luftströmung innerhalb eines und desselben Sielstranges und noch dazu auf relativ kurze Entfernungen führt uns unwillkürlich zu der Erwägung, dass wir uns bei der Würdigung der physikalischen Verhältnisse der Kanalluft den Kanalstrang keineswegs als ein streng abgeschlossenes, continuirliches Ganze denken dürfen. Der Sielstrang erleidet im Gegentheil ausserordentlich zahlreiche Unterbrechungen durch die vielen Haus- und Strassencommunicationen, die Nebensiele, Seitenkanäle, Einsteigschachte etc., und wir werden in gewissen Fällen weit eher zu einem Verständniss der Strömungsverhältnisse gelangen, wenn wir uns den Kanalstrang in so und so viele Abschnitte zerlegt denken, als deren Anfänge resp. Enden gerade diese Haus- und Strassencommunicationen, Ventilationsöffnungen etc. aufgefasst werden müssen. So wird z. B. der relativ stark aufsteigende Luftstrom im Kanal bei Nr. 42 (0,83^{m} p. Sec.) leicht verständlich, wenn wir die Richtung und Stärke des Luftstroms in den beiden Strasseneinläufen (Col. 7), die sich unmittelbar oberhalb dieser Stelle befinden, damit vergleichen (über 1,29^{m} p. Sec.). Es darf dabei nicht befremden, dass sich in diesem Versuche nicht gleichzeitig auch so deutlich eine Stelle herausheben lässt, wo die Luft mit ähnlicher Intensität in den Kanal einströmt. Die Luftströmungen wechselten ja sowohl nach Richtung und Intensität, und die Untersuchungen sind ja nicht Simultanuntersuchungen, sondern in zeitlicher Reihenfolge hinter einander angeordnet. Es ist leicht möglich, dass diese Luftströmung unter Nr. 42 nur eine vorübergehende gewesen, dass also in der dieser Beobachtung vorangehenden Zeit, in welche die anderen Bestimmungen fallen, andere Verhältnisse obwalteten; vielleicht vertheilte sich auch die einströmende Luft auf viele Oeffnungen.

In Versuch XII bewahrt die Luftströmung im Kanal selbst einen mehr gleichartigen Charakter; während jedoch im vorhergehenden Versuche die Richtung überwiegend noch eine aufsteigende gewesen, ist sie hier eine ziemlich constant absteigende, also jene Richtung, die in den Versuchen der Sommerperiode überwog; und doch liess sich dieses Verhalten auf die durch die Jahreszeit

Versuch XI u. XII. **Tabelle XLVI.**

Nr.	Distanz in Metern von der Einsteigstelle abwärts	Richtung und Stärke des Luftstroms: im Kanal		in den Hausanschlüssen		in den Strasseneinlässen		Bemerkungen
		Versuch XI	Versuch XII	Versuch XI	Versuch XII	Versuch XI	Versuch XII	
1	2	3	4	5	6	7	8	9
1*	. . .	in a — bis 0,2 in c — bis 0,2	a — c —	. . .	. . .	. . .	. . .	*Diese Beobachtung wurde in dem noch oberhalb der Einsteigstelle befindlichen Kanaltheil angestellt.
2	0	. . .	+ bis 0,5	. . .	. . .	. . .	. . .	
3	3	— 0,21	. . .	—* (+) 0,48	+ 0,48	. . .	+ 0,83	*Die Richtung wechselt häufig und oft plötzlich.
4	4	. . .	. . .	. . .	. . .	— 0,48	+ 1,29	
5	25	. . .	. . .	. . .	. . .	— 0,53	+ 0,53	
6	33	. . .	. . .	. . .	. . .	. . .	. . .	
7	52	— unt. 0,15	. . .	. . .	. . .	+ 0,43	— 0,83 (0)*	*Häufige Schwankungen in Richtung und Stärke des Luftstroms.
8	63	in a — „ 0,15 in c + „ 0,15	. . .	— 0,37	+ über 1,29	. . . + 0,53	+*(—) 0,83 (0) . . .	
9	69	. . .	. . .	. . .	. . .	+ 0,53	+ bis über 1,29	
10	93	in a — bis 0,30 in c + bis 0,26	. . .	. . .	. . .	+*0,93 —0,53 . . .	. . . +**(—) 0,74 (0)	*Häufiges und oft plötzliches Wechseln der Luftströmung. ** Häufiges Wechseln der Luftströmung nach Richtung und Intensität.
11	116	. . .	. . .	. . .	. . .	— 0,83	. . .	
12	123	. . .	. . .	. . .	. . .	. . .	. . .	
13	138	. . .	. . .	. . .	. . .	+ 0,74	+ 0,91	
14	168	. . .	. . .	. . .	. . .	. . .	. . .	
15	180	. . .	. . .	. . .	. . .	— 0,83	+ 0,74	
16	206	. . .	a + unt. 0,15 b + bis 0,37 c + bis 0,48	. . .	. . .	+ 0,65	+(—) 0,30	
17	236	in a — 0,21 in b — 0,0 in c + 0,21	. . .	. . .	. . .	+ unt. 0,15	— unt. 0,15	
18	240	. . .	a + 0,30 b + 0,65 c + 0,61 d + 0,51	+ 0,26	. . .	+ 0,30	+ 0,65	
19	246	. . .	. . .	. . .	. . .	+ 0,21	+ 0,65	
20	254	. . .	. . .	. . .	. . .	. . .	. . .	
21	256	. . .	. . .	— 0,46	— 0,43	. . .	. . .	
22	259	. . .	. . .	— 0,21	0,0	. . .	. . .	

23	278	. . .	. . .	− 0,15	− 0,21	. . .	. . .	
24	292	in *a* − unt. 0,15 in *c* + „ „	. . . . . .	. . . . . .	. . . . . .	*{+ 0,48 {+ 0,21	*{− 0,37 {− 0,43 (0)	*Die beiden Röhren münden einander gegenüber.
25	318	. . .	. . .	. . .	− 0,21	. . .	. . .	
26	328	. . .	. . .	. . .	− 0,21	. . .	. . .	
27	341	. . .	. . .	. . .	+ 0,43	. . .	. . .	
28	344	+ 0,5 . . .	+ . . .	. . . . . .	. . . . . .	*{− 0,77 {− 0,74	*{+ 0,47 {+ 0,53	*Die beiden Röhren münden einander gegenüber.
29	348	. . .	. . .	− 0,19	− 0,37	. . .	. . .	
30	352	. . .	. . .	0,0	+ 0,21	. . .	. . .	
31	357	. . .	. . .	− unt. 0,15	+ 0,53	. . .	. . .	
32	368	. . .	. . .	− „ 0,15	− 0,21	. . .	. . .	
33	372	. . .	. . .	− „ 0,15	− 0,21	. . .	. . .	
34	375	. . .	. . .	− „ 0,15	0,0	. . .	− 0,37	
35	378	+ 0,37	. . .	+ „ 0,15	. . .	. . .	. . .	
36		. . .	. . .	+ „ 0,15	− 0,27	. . .	. . .	
37		− unt. 0,15	. . .	+ „ 0,15	+ 0,53	. . .	. . .	
38		. . .	. . .	+ 0,21	+ 0,60	. . .	. . .	
39	408	. . .	. . .	− 0,53	− 0,21	. . .	. . .	
40		. . .	. . .	− 0,83	− 0,15	. . .	. . .	
41		. . .	. . .	− 0,37	+ 0,21	. . .	. . .	
42		− 0,83**	. . .	. . .	. . .	*{− über 1,29 {− „ 1,29	{− 0,30 {− . .	*Die beiden Röhren münden einander gegenüber. **Diese Stelle befindet sich unmittelbar unterhalb der beiden Strasseneinläufe (Col. 7 u. 8).
43	440	*a* − 0,30 *b* − 0,37 *c* − 0,43 *d* − 0,37	*a* + *c* −	. . . .	. . . .	. . . .	. . . .	
44	Seitenkanal	*a* + unt. 0,15 *b* + 0,21 *c* + 0,21	. . . .	. . . .	. . . .	. . . .	. . . .	
				12 mal − (bis 0,83) 5 mal + (bis 0,26) 1 mal ± 1 mal 0	10 mal − (bis 0,43) 8 mal + (bis über 1,29) 2 mal 0 . . .	8 mal − (bis über 1,29) 10 mal + (bis 0,74) 1 mal ± . . .	7 mal − (bis 0,83) 10 mal + (bis über 1,29) 3 mal ± . . .	

hervorgebrachten Aenderungen nicht zurückführen, da ja sonst das umgekehrte Verhalten zu erwarten wäre. In Versuch XI sind die begleitenden Umstände denen der Sommerperiode viel analoger, da ja hier die äussere Temperatur schliesslich die der Kanalluft übertrifft; in Versuch XII dagegen bleibt die äussere Temperatur unter der der Kanalluft. Wir sollten demnach, wollten wir aus diesen veränderten äusseren Verhältnissen allein einen Schluss ziehen, ein entgegengesetztes Resultat erhalten.

Wir könnten in diesem Falle noch an einen Einfluss des äusseren Windes denken. Der erste Theil des Sieles (Findlingstrasse) verläuft von Ost nach West, die Luftströmung in demselben war in Versuch XI dem Verlaufe des Sieles entgegengesetzt, also von West nach Ost, sowie auch die äussere Luftströmung; doch war die Stärke des äusseren Windes eine so geringe (1 = schwach, bis zu 3^{m}), dass ein nennenswerther Einfluss nicht anzunehmen ist; zudem verläuft ja der übrige Theil des Siels in der Richtung von Süd nach Nord. Dieselben Einwendungen lassen sich auch bei Versuch XII erheben.

Wenn wir schliesslich noch die Col. 5—6 und 7—8 der Tab. XLVI ins Auge fassen, so sehen wir, wie verschiedenartig das Verhalten in Haus- und Strassencommunicationen ist, ohne dass sich eine irgend bestimmte Gesetzmässigkeit ableiten liesse; abgesehen davon, dass in einem und demselben Versuche die einzelnen Communicationen verschiedenartig sich verhalten, fehlt auch die Uebereinstimmung in den Strömungsrichtungen bei zwei unter annähernd gleichen Verhältnissen veranstalteten Versuchen. Von 17 Hausanschlüssen hatten nur 9 in beiden Versuchen gleiche Strömungsrichtung und von 16 Strasseneinlässen nur 7.

IV. Gruppe. Untersuchungen im Krankenhauskanal.

Diese Untersuchungen betreffen einen Kanal, der keineswegs mehr den Anforderungen entspricht, die nach unseren Principien an einen solchen gestellt werden müssen; er gehört vielmehr noch jener Kategorie alter, mangelhafter Kanäle an, die in dem I. Kapitel S. 7—9 charakterisirt wurden; doch da derselbe derartige Dimensionen besitzt, dass er begangen werden konnte, so schien es erwünscht, ihn in das Bereich der Untersuchung zu ziehen, gewissermassen als ein Beispiel.

Der Kanal besteht bei seinem Anfang aus drei Strängen, wovon der eine Strang in der Mitte, vom Klosterhofe des Krankenhauses angefangen, durch das Kloster und Krankenhaus hindurch bis vor dasselbe geht; die beiden anderen Stränge laufen rechts und links, dem Krankenhause entlang und vereinigen sich vor dem Portale desselben mit dem ersten in einen einzigen Kanal, mit der Richtung von West nach Ost. Dieser Hauptkanal hat eine Länge von ungefähr 300^{m} und ein Gefälle von 1 : 63. Sein Profil ist 1,64 $\times$ 0,79^{m}. Derselbe mündet am Sendlingerthorplatz in den Schlachthauskanal. Seine Sohle ist flach muldenförmig (nicht eiförmig) und gepflastert; die Wände parallel, die Spülung mangelhaft. Specialbauten kommen in dieser Kanalstrecke nicht vor. Als Hausanschlüsse sind zu verzeichnen, ausser dem Krankenhaus und Kloster, das Oberarztgebäude, das Klinische Institut und das Directorialgebäude — alle am oberen Ende des Kanals gelegen. Hervorzuheben ist, mit Rücksicht auf die folgenden Untersuchungen, dass in jedem der beiden Höfe des Krankenhauses, wo der Kanal seinen Ursprung nimmt, Einsteigöffnungen sich befinden, die jedoch nicht, wie an den sonstigen Kanälen, mit Eisenplatten geschlossen sind, sondern nur von den bekannten Eisengittern bedeckt werden, so dass vollständig freie Communication zwischen der Luft des Kanals und der der Krankenhaushöfe hergestellt ist.

Als wesentlichster Grund für die Untersuchung dieses Kanals galt mir der Umstand, dass bei den früheren, im Schlachthauskanal (in welchen der Krankenhauskanal mündet) angestellten Versuchen der Krankenhauskanal stets eine allenthalben und stark aufsteigende Luftströmung erkennen liess. So in Versuch I, II, III, IV. Bei Versuch II wurde die Intensität mit 0,37—0,55 gemessen (Temperaturdifferenz 9,2—10,9^{0}), bei Versuch IV mit 0,83 (Temperaturdifferenz 10—9,3^{0}).

Indem wir diese Versuche abermals neben einander zusammengefasst zur Darstellung bringen, geben wir vorerst eine Uebersicht über die an den vier Versuchstagen beobachteten meteorologischen Daten.

Tabelle XLVII.

	Barometer	Temperatur	relative Feuchtigkeit	Wind	Temperatur der Kanalluft	Differenz zwischen Kanal- und atmosph. Luft
Col. 1	2	3	4	5	6	7
Versuch XIII 28. Jan. 1881 8h	703,6	— 4,3	95	W_1	+ 5	9,3
2h	701,1	+ 7,3	75	SW_1		— 2,3
Versuch XIV 29. Jan. 1881 8h	703,6	+ 3,1	70	SW_1	+ 5,5	2,4
2h	703,8	+ 7,9	58	W_2		— 2,4
Versuch XV 31. Jan. 1882 8h	726,2	+ 0,5	92	NE_1	+ 6	5,5
2h	729,1	+ 1,3	78	NE_4		4,7
Versuch XVI 3. Febr. 1882 8h	730,2	— 8,9	94	0	+ 5,6	14,5
2h	729,0	— 3,1	79	NE_1		8,7

Bevor wir nun an die Darlegung der Ergebnisse aus Versuch XIII—XVI gehen, müssen wir einige Worte voranschicken über einige besondere Cautelen, die hier zur Anwendung gebracht wurden. Wie schon oben erwähnt, befand sich am Anfang des Krankenhauskanals in den beiden Krankenhaushöfen je ein Schacht, der aus dem Kanal ins Freie führte, der aber nicht, wie sonst, mit einem soliden, metallenen Deckel verschlossen war, sondern nur mit einem Eisengitter mit grossen Oeffnungen, so dass eine ziemlich unbehinderte Communication zwischen Kanal und Hof bestand. Die Wahrnehmungen, die bei verschiedenen Anlässen gemacht wurden, führten dazu, diesen Oeffnungen einen gewissen Einfluss auf die Strömungsverhältnisse der Luft zuzuerkennen, und um nun die Verhältnisse denen der anderen untersuchten Kanäle analog zu gestalten, um ferner den Einfluss einer solchen freien Communication experimentell zu prüfen, wurden die Versuche im Kanal auch bei möglichst dichtem Verschluss dieser Oeffnungen vorgenommen, der auf künstliche Weise durch Decken, Bretter etc. hergestellt wurde.

Wir müssen aus raum-ökonomischen Gründen diesmal die Befunde am Kanal selbst von den an den Communicationsöffnungen gewonnenen trennen, und erhalten folgende Tabellen.

Die Bezeichnungen *a* bis *e* der Tab. XLVIII beziehen sich wieder auf die in Fig. 1 ersichtlich gemachten, verschiedenen Punkte des Querschnitts. Die Zahlen

Versuch XIII—XVI. Tabelle XLVIII.

	Richtung und Stärke des Luftstroms im Krankenhauskanal							Bemerkungen
	Versuch XIII	Versuch XIV		Versuch XV		Versuch XVI		
	Temperaturdifferenz 9,3 bis — 2,3	Temperaturdifferenz 2,4 bis — 2,4		Temperaturdifferenz 5,5 bis 4,7		Temperaturdifferenz 14,5 bis 8,7		
	Gitter offen	a) Gitter offen	b) Gitter gedeckt	a) Gitter gedeckt	b) Gitter offen	a) Gitter gedeckt	b) Gitter offen	
Col. 1	2	3	4	5	6	7	8	9
1. Ausmündung in d. Schlachthauskanal	*a* — 0,352	. . .	*a* + unt. 0,15	. . .	*a* — 0,83	. . .	. . .	
	b — 0,672	. . .	*b* + 0,360	. . .	*b* — 1,18	. . .	. . .	
	c — 0,52	. . .	*c* + 0,424	. . .	*c* — 0,93	. . .	. . .	
	d — 0,60	. . .	. . .	. . .	*d* — über 1,29	. . .	. . .	
2. 50ᵐ vor dem Krankenhaus	. . .	—	+	. . .	*e* — 0,93	. . .	. . .	
3. am Einsteigschacht vor dem Krankenhaus	*a* — 0,32	. . .	*a* — unt 0,15	— unt. 0,15	— *a* 0,74	— fast 0	— stark	
	b — 0,19	. . .	*b* + „ 0,15	. . .	*b* 0,83	. . .	. . .	
	c 0	. . .	. . .	. . .	*c* 0,93	. . .	. . .	
4. 50 ᵐ oberhalb	— 0,30	*a* — 0,344	— unt. 0,15	. . .	. . .	— sehr schwach	— stark	
	. . .	*b* — 0,32	. . .	. . .	. . .	. . .	. . .	
	. .	*c* — 0,22	. . .	. . .	. . .	. . .	. . .	
5. oberes Ende des Kanals	. . .	*b* — 0,464	(— 0,520*) unt. 0,15	— unt. 0,15	. . .	— sehr schwach	— stark	* nachdem das erste Gitter bereits gedeckt, das zweite jedoch noch offen gelassen worden war.
	. . .	*c* — 0,392	. . .	. . .	. . .	. . .	. . .	

geben die Geschwindigkeiten an in Metern pro Secunde, und zwar wurden dieselben in Versuch XIII und XIV mittels eines Anemometers nach Combes, in Versuch XV mittels eines statischen Anemometers nach Recknagel bestimmt. In Versuch XVI wurde das Anemometer zu Beginn des Versuches defect, so dass die Bestimmung der Intensität der Luftströmung nur annähernd durch die Bewegung des mittels Lunten entwickelten Rauchs und durch die Kerzenablenkung geschätzt werden konnte.

In diesen vier resp. sieben Versuchen finden wir eine ziemliche Uebereinstimmung in der Richtung des Luftstroms. Ueberall ist ein aufsteigender Luftstrom vorhanden, bis auf Versuch XIV b). Aber dieser aufsteigende Luftstrom steht wesentlich unter dem Einflusse der beiden Oeffnungen in den Krankenhaushöfen. Durch Verschluss dieser beiden Oeffnungen erleidet die Stärke, und selbst die Richtung des Luftstroms nicht unwesentliche Aenderungen.

Versuch XIV wurde zuerst bei offenen Gittern vorgenommen. Im Kanal herrschte damals eine deutlich messbare, bis 0,5^{m} pro Secunde zählende Geschwindigkeit (Col. 4). Nun wurde zuerst das erste Gitter gedeckt; die Folge davon spricht sich in dem Befunde bei 5 (Col. 5) aus, indem die Geschwindigkeit, mit der die Luft zum zweiten Gitter hinausströmt, noch vergrössert wird. Nun wurde auch das zweite Gitter gedeckt; darauf sinkt die Luftbewegung im Kanal, das Anemometer gibt an Stellen, in denen die Luftgeschwindigkeit von 0,20 bis 0,52 variirt hatte, keinen Ausschlag mehr, es scheint sogar in dem unteren Theile des Kanals die Luftströmung sich vollständig umzukehren.

Ganz analog stellen sich diese Verhältnisse auch in Versuch XV und XVI dar. Hier wurde zuerst bei geschlossenen, gedeckten Gittern experimentirt. Es war zwar eine aufsteigende Luftströmung vorhanden, aber allenthalben nur sehr schwach, anemometrisch nicht bestimmbar, sowie jedoch die beiden Oeffnungen wieder frei gemacht wurden, trat sofort eine Steigerung, stellenweise sogar eine recht bedeutende, ein.

Es ist vielleicht von Interesse, diese Befunde mit den bei den Entwässerungsröhren gemachten Befunden (Tab. XLIX auf S. 89) zusammenzuhalten und eventuell zu vergleichen. Es gelten für diese Tabelle bezüglich der Zahlen und Untersuchungen etc. die bei Tab. XLVIII angeführten Bemerkungen; für rechts und links sind die Abkürzungen R und L gebraucht worden.

Versuch XIII—XVI. **Tabelle XLIX.**

	Richtung und Stärke des Luftstroms in den Hausanschlüssen des Krankenhauskanals								
	Versuch XIII	Versuch XIV			Versuch XV		Versuch XVI		Bemerkungen
	Gitter offen	a) Gitter offen	b) Gitter gedeckt	c) Gitter wieder offen	a) Gitter gedeckt	b) Gitter offen	a) Gitter gedeckt	b) Gitter offen	
1	2	3	4	5	6	7	8	9	10
1	L — 0,76	L + unt. 0,15	L — unt. 0,15	. . .	L — 0,68	L — über 1,29	L + sehr stark	L — stark	
2	R — 0,35	R + „ 0,15	R — „ 0,15	. . .	R — 0,65	R — 0,74	R + stark	R — schwach	
3	L — unt. 0,15	L — unt. 0,15	L — unt. 0,15	L —	L — 0,43	L — 0,37	L — sehr schwach	L — sehr schwach	
4	R — „ 0,15	R — „ 0,15	R — „ 0,15	R —	R — 0,37	R — 0,30	R — „ „	R — „ „	
5	L* + 0,24	L — 0,52	L + 0,66	L +	L — 1,12	L — über 1,29	L — schwach	L — schwach	*starkes Ausströmen von Wasser
6	R — 0,36	R + unt. 0,15	R + unt. 0,15	R —	R — 0,37	R — 0,65	R — „	R — „	
7	L — unt. 0,15	L — unt. 0,15	L — unt. 0,15	L —	L — 0,37	L — 0,37	L — sehr schwach	L — schwach	
8	R — „ 0,15	R — „ 0,15	R + „ 0,15	R —	R — unt. 0,15	R — 0,30	R — „ „	R — „	
9	L* + unt. 0,15	L — 0,76	L — 0,768	L —	L — über 1,29	L + unt. 0,15	L — schwach	. . .	* dsgl.
10	R* — „ 0,15	R + unt. 0,15	R + unt. 0,15	R —	R* + unt. 0,15	R* + 0,74	R* — „	. . .	* dsgl.
11	L* — 0,45	L — unt. 0,15	L — unt. 0,15	L —	L* — 0,37	L — 0,37	L* — schwach	. . .	* dsgl.
12	R* — 0,22	R — „ 0,15	R — 0,688	R —	R 0	R + 0,37	R — „	. . .	* dsgl.
13	R — 0,416	R — 0,61	R — 0,336	R —	R* + unt. 0,15	R + 0,30	R — schwach	. . .	* dsgl.
	11 —, 2 +	9 —, 4 +	9 —, 4 +	10 —, 1 +	10 —, 2 +, 10	9 —, 4 +	11 —, 2 +	8 —	

Es sind im Ganzen 13 Communicationen mit dem Hause, an denen 97 Beobachtungen gemacht wurden. Bei diesen war 77 mal ein Einströmen der Luft ins Haus, 19 mal das Umgekehrte zu constatiren, 1 mal war Windstille; trotz des so grossen Ueberwiegens der gegen das Haus hin gerichteten Luftbewegung war jedoch nur bei 4 Oeffnungen (3, 4, 7, 11) mit 31 Beobachtungen eine Constanz insofern wahrzunehmen, als diese Luftströmung in allen Versuchen vorhanden war; bei den übrigen 9 Oeffnungen wechselten die Strömungen je nach den einzelnen Versuchen. Es lag nun nahe anzunehmen, dass, wenn durch Verschluss der beiden Gitteröffnungen im Hofe dem Ausströmen der Luft aus dem Kanal ein gewisses Hinderniss entgegengestellt worden ist, nunmehr in den Hausleitungen eine stärkere Luftbewegung gegen das Haus sich geltend machen würde.

Wenn sich auch in einzelnen Versuchen gewisse Andeutungen hierfür finden (Versuch XIV 12, Versuch XV 9, Versuch XVI 1 u. 2), so ist doch in der Mehrzahl der Fälle keine derartige directe Wirkung zu beobachten, ja in einzelnen Versuchen (besonders Versuch XV) könnte man sogar zu entgegengesetzten Schlussfolgerungen gelangen. Auch wird ja im Kanal die Luftgeschwindigkeit durch Verschluss der Gitteröffnungen deutlich herabgesetzt, was ebenfalls gegen ein vicarirendes Eintreten der Hausöffnung spricht.

Ich habe auch untersucht, ob bei diesem überwiegenden Einströmen von Kanalluft in die Hausentwässerungsröhren das Eindringen von Kanalgasen in die Räume des Krankenhauses erfolgen könne. Zu diesem Zwecke wurden an 36 Stellen im Krankenhause, und zwar über den Ausgüssen und in den Aborten, Bleipapiere aufgehängt und sodann im Kanal unmittelbar unter dem Krankenhause Schwefelwasserstoff (aus 1^{kg} Schwefeleisen) entwickelt. Trotzdem nun dieser im Kanal in der That nach aufwärts verbreitet wurde, wie sich an den beiden Kanalgittern, am Kanalende im Hofe nachweisen liess, wurde im Krankenhaus selbst nicht ein Papier geschwärzt. Man muss eben bedenken, dass die Ausgüsse, Closets etc. mit Wasserverschlüssen, Syphons, versehen sind, und dass das Abtrittrohr über Dach geführt ist.

Wir haben noch zu erklären, warum in diesem Kanal eine so constant aufsteigende Luftströmung sich vorfand. Die Ursache liegt zum grossen Theil in den eigenthümlichen Verhältnissen des Krankenhauskanals selbst. Derselbe ist, im Gegensatze zu den anderen von uns untersuchten Kanälen, in einem gewissen Grade als ein einheitliches Ganze zu betrachten; denn wie auch aus der zu Anfang gelieferten Beschreibung hervorgeht, läuft er so ziemlich direct auf das Krankenhaus zu, ohne durch Strasseneinläufe, Hausanschlüsse etc. unterbrochen zu werden. Wir haben also ein ziemlich geschlossenes Rohr vor uns, an dessen oberem Ende sich das Krankenhaus befindet, das nun wie ein mehrfacher Schlot aufgesetzt erscheint. Die beiden Gitteröffnungen befinden sich in den rings von Gebäuden eingeschlossenen Höfen, sie führen also ebenfalls in eine Art grossen Schlot, dessen Wände von dem Krankenhausgebäude gebildet werden, und so erklärt sich sowohl das Vorherrschen, die Constanz des aufsteigenden Luftstroms als auch die oft nicht unbedeutende Intensität desselben, ebenso aber auch die Herabminderung, wenn man wenigstens einen Theil dieser Schlotöffnungen durch Verschluss der Gitteröffnungen ausser Action setzt. Auch noch aus einem anderen Versuche geht hervor, wie sehr ein solcher direct oder indirect in den Kanal führender Schacht das Ausströmen der Luft begünstigt. In Versuch II S. 56 ist geschildert, wie bei Aufhebung des Deckels vom Einsteigschacht das daselbst angesammelte Schwefelwasserstoffgas wie aus einem Schlote dem Hinabsteigenden entgegenströmte.

Wir müssen, für den Winter wenigstens, den Hausanschlüssen bezüglich ihres Einflusses auf die Richtung des Luftstromes in den Kanälen eine gewisse Rolle zugestehen und uns dabei vor Augen halten, in welchem Theile eines untersuchten Kanals die grössere Anzahl der Hausanschlüsse vorhanden ist. Ist z. B. wie im Krankenhauskanal, aber auch im Kanal der Amalien- —Ludwigstrasse, die grössere Anzahl der Hausanschlüsse in dem o b e r e n Theile des Kanalstranges, so wird es leichter zu einem aufsteigenden Strom im Kanal kommen als im entgegengesetzten Falle. Dabei sind freilich die Verhältnisse im Hause selbst zu berücksichtigen: ob in den Abortlocalen und speciell in der Abtrittröhre, etwa durch eine darin angebrachte Flamme, wirklich eine höhere Temperatur herrscht als im Kanal, wodurch ein Auftrieb der Luft herbeigeführt wird.

Damit ist aber nicht gesagt, dass in diesen Fällen die „Kanalgase“ ins Haus, in die Wohnungen gelangen. In den meisten Fällen sind ja die Einrichtungen schon mit Absicht dahin getroffen, dass die Kanalgase wohl in die Abtrittröhre eingesaugt, aber auch in derselben weiter über das Dach hinaus befördert werden. Dafür spricht auch der Schwefelwasserstoffversuch im Krankenhauskanal, wo an keiner einzigen der vielen Beobachtungsstellen ein Ausströmen des Schwefelwasserstoffs nachgewiesen werden konnte. —

Nachdem wir hiermit die Schilderung der einzelnen Beobachtungsresultate beendet haben, können wir an die Würdigung derjenigen Momente gehen, die überhaupt auf die Bewegung der Kanalluft Einfluss nehmen können.

Als Ursachen der Luftbewegung in Kanälen könnten in erster Linie die Luftströmungen der äusseren Atmosphäre aufgefasst werden. Es ist nicht zu bestreiten, dass der äussere Wind, wenn er direct gegen die freie Ausmündung eines Kanals weht, in demselben die Luft zurückstauen und so eine aufsteigende Luftströmung hervorrufen kann. Diese wird sich jedoch auf den der Ausmündung benachbarten untersten Theil des Sielnetzes beschränken, wo eben der Wind leicht eintreten kann; je weiter nach oben die Strömung geht, desto geringer wird die Wirkung sein, da ja durch die Ventilationsöffnungen, die Strassen- und Hausentwässerungen ein allmählicher Ausgleich des Ueberdrucks erfolgt. Dem entsprechen denn auch unsere Versuchsergebnisse, die in überwiegender Anzahl den Einfluss des Windes ausschliessen.

Sodann käme noch in Betracht, dass der Wind, indem er über die Ventilations- und Strassenöffnungen hinwegbläst, eine Art Saugwirkung auf die Kanalluft ausüben kann; doch wird diese in jedem Fall gering sein, da ja für diese Art von Wirkung die geeigneten Angriffspunkte fehlen.

Eine grosse Bedeutung hat man sodann dem specifischen Gewicht der Kanalgase zugeschrieben. Das specifische Gewicht einer Luftart wird von verschiedenen Factoren beeinflusst: von ihrer chemischen und physikalischen Beschaffenheit, ihrer Temperatur, dem Druck, unter dem sie sich befindet. Man hat nun vor allem behauptet, die Kanalluft sei mit Wasserdampf gesättigt[1]), in Folge dessen specifisch leichter als die atmosphärische Luft und müsse also in dieselbe aufsteigen

An und für sich lässt sich gegen die Behauptung, die Kanalluft sei mit Wasserdampf fast gesättigt, nichts einwenden. Auch bei meinen Versuchen liess sich eine relative Feuchtigkeit von 90 bis 95% nachweisen. Es ist ferner eine unbestrittene Thatsache, dass eine mit Wasserdampf gesättigte Luft von bestimmter Temperatur specifisch leichter ist als eine trockene Luft derselben Temperatur; aber um gewisse Schlussfolgerungen an diesen Umstand zu knüpfen, um in dieser relativen Leichtigkeit der Kanalluft eine Ursache für das Aufsteigen derselben zu finden, ist es nothwendig, die Verhältnisse auch quantitativ zu prüfen, und wollen wir deshalb das Gewicht der Luft bei verschiedener Temperatur und verschiedenem Wassergehalt genauer ins Auge fassen.

Das Gewicht eines Cubikmeters trockener Luft bei 0^0 und 760^{mm} Barometerstand beträgt $1{,}2932^{kg}$. Bei erhöhter Temperatur verhalten sich die Gewichte umgekehrt wie die Volumina, und wir erhalten zur Berechnung des Gewichts eines Cubikmeters Luft bei t^0 die Formel

$$P = \frac{1{,}2932}{1 + 0{,}003665\,t},$$

wobei 0,003665 den Ausdehnungscoefficient der Luft und t die Temperaturerhöhung in Graden C. repräsentiren.

Um das Gewicht der feuchten, mit Wasserdampf gesättigten Luft zu bestimmen, haben wir nun das Gewicht des Wasserdampfes, das je 1^{cbm} Luft bei einer bestimmten Temperatur zu fassen vermag (vgl. Tab. L Col. 3), zum Gewicht dieser Luft zu addiren. Dabei müssen wir uns aber zunächst daran erinnern, dass der Wasserdampf eine bei verschiedenen Temperaturen verschieden hohe Tension besitzt (vgl. Tab. L Col. 2), die sich zur Tension der Luft addiren wird. Wollten wir also das Gewicht des Wasserdampfes, wie es der jeweiligen Temperatur entspricht, zum unveränderten Gewicht eines

1) Vgl. Lindley: Vierteljahrsschrift f. öffentl. Gesundheitspflege Bd. 14 S. 70 und: Frankfurt am Main in seinen hygienischen Verhältnissen und Einrichtungen (Festschrift) S. 90.

Cubikmeters Luft vom Barometerstand 760 addiren, so bekämen wir ein irriges Resultat. Gesetzt den Fall, wir wollten das Gewicht eines Cubikmeters mit Wasserdampf gesättigter Luft von 0° berechnen, so besitzt bei dieser Temperatur der Wasserdampf eine Tension von 4,6^{mm}, die sich zu der der Luft von 760^{mm} addirt. Wenn wir also von dem Gewichte 1,2932, als dem eines Cubikmeters trockener Luft von 0° und 760^{mm} Barometerstand ausgehen würden, so bekämen wir das Gewicht einer mit Wasserdampf gesättigten Luft von einem Barometerstand von **764,6**^{mm}. Daraus geht hervor, dass wir zunächst das Gewicht der Luft auf den um die jeweilige Tension des Wasserdampfes verminderten Barometerstand reduciren müssen, in diesem Falle z. B. auf 760 — 4,6 = 755,4^{mm}. Da nun das Gewicht der Luft der Dichte resp. dem Barometerdrucke proportional ist, so erhalten wir für dasjenige Gewicht der trockenen Luft, von dem wir bei der Berechnung des Gewichtes einer mit Wasserdampf gesättigten Luft ausgehen müssen, die Formel:

$$P = \frac{1{,}2932 \cdot (760 - T)}{760}$$

oder mit Rücksicht auf die Temperatur verallgemeinert:

$$P = \frac{1{,}2932}{1 + 0{,}003665\,t} \cdot \frac{760 - T}{760},$$

wobei T die Tension des Wasserdampfes in Millimetern (Tab. L Col. 2) ausdrückt. Zu der gefundenen Zahl von P wird sodann das Gewicht des in 1^{cbm} Luft von t^0 aufzunehmenden Wassers addirt (Tab. L Col. 3), und somit ist das Gewicht eines mit Wasserdampf gesättigten Luftraums bestimmt. In unserem Fall bei 0° ist $P = 1{,}285373$. Die Menge des bei 0° C. in 1^{cbm} aufzunehmenden Wasserdampfes beträgt 4,876^{g}. Es wiegt also ein mit Wasserdampf gesättigter Cubikmeter Luft bei 0° und 760^{mm} Barometerstand 1,290249^{kg}. Auf diese Weise wurden für die Temperaturen von — 15 bis + 30° die absoluten Gewichte der Luft und zwar im trockenen, im halb und im ganz mit Wasserdampf gesättigten Zustande berechnet (siehe Tab. L auf folgender Seite).

Um nun einen richtigen Vergleich ziehen zu können, habe ich in Tab. LI die specifischen Gewichte dieser Luftarten

Tabelle L.

Temperatur	Tension des Wasserdampfes[1]	1 cbm mit Wasserdampf gesättigter Luft enthält Wasserdampf[2]	Gewicht eines Cubikmeters		
			trockener Luft	Luft mit 50% relativer Feuchtigkeit	Luft mit Wasserdampf gesättigt
Col. 1	2	3	4	5	6
— 15	1,40 mm	1,57 g	1,3682 kg	1,3678 kg	1,3674 kg
— 10	2,09	2,30	1,3421	1,3416	1,3409
— 5	3,11	3,36	1,3170	1,3163	1,3153
± 0	4,60	4,88	1,2932	1,2917	1,2902
+ 1	4,94	5,22	1,2882	1,2869	1,2853
2	5,30	5,58	1,2835	1,2821	1,2804
3	5,69	5,96	1,2789	1,2773	1,2755
4	6,10	6,36	1,2742	1,2726	1,2707
5	6,53	6,79	1,2697	1,2679	1,2658
6	7,00	7,26	1,2650	1,2632	1,2610
7	7,49	7,74	1,2605	1,2585	1,2562
8	8,02	8,25	1,2561	1,2539	1,2514
9	8,57	8,80	1,2516	1,2493	1,2466
10	9,16	9,37	1,2472	1,2446	1,2419
15	12,70	12,76	1,2255	1,2220	1,2182
20	17,39	17,16	1,2046	1,1998	1,1946
30	31,55	30,13	1,1648	1,1561	1,1470

bei den verschiedenen Temperaturen zusammengestellt und ausserdem die Differenzen dieser Gewichte bestimmt.

In den Col. 5—7 sind jene Differenzen verzeichnet, die sich zwischen dem specifischen Gewicht je zweier gleich trockener oder gleich feuchter, jedoch je um einen Temperaturgrad unterschiedener

1) Nach Regnault: Mémoires de l'Académie Tom. XXI (1847) p. 624.

2) In den physikalischen und meteorologischen Lehr- und Handbüchern finden sich Tabellen über diejenige Menge des Wasserdampfes, die zur Sättigung eines Cubikmeters Luft bei verschiedenen Temperaturen erforderlich ist. Leider ergibt aber ein Vergleich dieser Tabellen, dass denselben eine genaue Uebereinstimmung mangelt. Während die für die Tension angeführten Zahlen meist richtig sind, ergeben sich in den Zahlen für das Gewicht des Wasserdampfes zahlreiche, mitunter nicht unwesentliche Abweichungen; ich habe es deshalb vorgezogen, diese Werthe nach der bekannten Formel $P = 1{,}2932 \, . \, D \, . \frac{T}{760} \, . \, \frac{1}{1 + \alpha t}$ aus der Tension zu berechnen.

Hierbei bedeutet P: das zu findende Gewicht des Wasserdampfes; D: die Dichte des Wasserdampfes (mit 0,623 angenommen); T: die Tension des Wasserdampfes bei der Temperatur t (Tab. L Col. 2); α: den Ausdehnungscoefficienten: 0,003665; 1,2932: das Gewicht eines Cubikmeters trockener Luft bei 0° und 760mm.

Tabelle LI.

Specifisches Gewicht der Luft bei verschiedener Temperatur und Feuchtigkeit.

Temperatur in °C.	Specifisches Gewicht			Differenz im specifischen Gewicht bei je 1° Temperaturdifferenz			Differenz zwischen dem spec. Gew. gleich warmer		
	der trockenen Luft	der Luft von 50% relativer Feuchtigkeit	der mit Wasserdampf gesättigten Luft = 100%	a) trockener Luft ad Col. 2	b) Luft von 50% relat. Feuchtigkeit ad Col. 3	c) gesättigter Luft ad Col. 4	a) halbgesättigter und trockener Luft Col. 2—3	b) völlig gesättigter und trockener Luft Col. 2—4	c) völlig gesättigter und halb gesättigter Luft Col. 3—4
Col. 1	2	3	4	5	6	7	8	9	10
—15	1,0580	1,0577	1,0573	. . .	. . .	. . .	0,0003	0,0007	0,0004
—10	1,0380	1,0374	1,0369	. . .	. . .	. . .	0,0006	0,0011	0,0005
— 9	1,0341	1,0335	1,0329	0,0039	0,0039	0,0040	06	12	06
— 8	1,0302	1,0296	1,0290	39	39	39	06	12	06
— 7	1,0264	1,0256	1,0250	38	40	40	08	14	06
— 6	1,0225	1,0217	1,0211	39	39	39	08	14	06
— 5	1,0186	1,0178	1,0171	39	39	40	08	15	07
— 4	1,0148	1,0140	1,0132	38	38	39	08	16	08
— 3	1,0111	1,0102	1,0093	37	38	39	09	18	09
— 2	1,0074	1,0064	1,0055	37	38	38	10	19	09
— 1	1,0037	1,0026	1,0016	37	38	39	11	21	10
± 0	1,0000	0,9988	0,9977	37	38	39	12	23	11
+ 1	0,9963	0,9951	0,9939	37	37	38	12	24	12
2	0,9927	0,9914	0,9901	36	37	38	13	26	13
3	0,9891	0,9877	0,9863	36	37	38	14	28	14
4	0,9855	0,9841	0,9826	36	36	37	14	29	15
5	0,9820	0,9804	0,9788	35	37	38	16	32	16
6	0,9784	0,9768	0,9751	36	36	37	16	33	17
7	0,9749	0,9732	0,9714	35	36	37	17	35	18
8	0,9715	0,9696	0,9677	34	36	37	19	38	19
9	0,9680	0,9660	0,9640	35	36	37	20	40	20
10	0,9646	0,9625	0,9603	34	35	37	21	43	22
11	0,9612	0,9590	0,9566	34	35	37	22	46	24
12	0,9578	0,9555	0,9530	34	35	36	23	48	25
13	0,9545	0,9520	0,9493	33	35	37	25	52	27
14	0,9511	0,9485	0,9457	34	35	36	26	54	28
15	0,9478	0,9450	0,9420	33	35	37	28	58	30
16	0,9445	0,9416	0,9384	33	34	36	29	61	32
17	0,9413	0,9381	0,9348	32	35	36	32	65	33
18	0,9381	0,9347	0,9311	32	34	37	34	70	36
19	0,9349	0,9312	0,9275	32	35	36	37	74	37
20	0,9317	0,9278	0,9239	32	34	36	39	78	39
25	0,9163	0,9110	0,9053	. . .	. . .	. . .	53	110	57
30	0,9009	0,8940	0,8866	. . .	. . .	. . .	69	143	74

Luftarten ergaben. Diese Differenzen wurden durch Subtraction der in einer der drei Columnen 2—4 unter einander befindlichen Zahlen gewonnen. In den drei übrigen Columnen (8—10) sind sodann die Differenzen mitgetheilt, die zwischen je zwei nach dem Feuchtigkeitsgrade verschiedenen Luftarten bei gleicher Temperatur sich fanden. Sie wurden durch Subtraction je zweier in einer Horizontalreihe der Col. 2—4 befindlichen Zahlen erhalten.

Diese Tabelle bietet nun eine Menge interessanter Daten. Es tritt uns, wie natürlich, eine überaus grosse Regelmässigkeit in den einzelnen Zahlen entgegen. Das specifische Gewicht der Luft erleidet durch die Erwärmung eine Herabminderung, die jedoch mit zunehmender Temperatur geringer wird. Dies gilt für alle drei Luftarten: trockene, halb und ganz mit Wasserdampf gesättigte Luft; nur wird die Herabminderung des specifischen Gewichts, dem höheren Wassergehalt entsprechend, eine relativ grössere.

Anders ist der Gang, den wir in den Aenderungen im specifischen Gewicht bei verschiedenem Feuchtigkeitsgehalt der Luft beobachten: da der Feuchtigkeitsgehalt der Luft das specifische Gewicht verringert, so wird die Differenz mit zunehmender Feuchtigkeit auch grösser, wie besonders aus dem Vergleich von Col. 8 und 10 hervorgeht. Diese Differenzen werden sodann mit ansteigender Temperatur immer bedeutender — im Gegensatze zu den durch die Temperatur bedingten Differenzen einer und derselben Luftart (Col. 5—7) —, und zwar erfolgt die Zunahme der ersteren rascher als die Abnahme der letzteren.

Für unsere Frage, um wie viel das specifische Gewicht der Kanalluft in Folge ihrer Feuchtigkeit niedriger ist als das der äusseren Luft, ist es nicht zulässig, eine vollständig trockene mit einer vollständig mit Wasserdampf gesättigten Luft zu vergleichen; denn es ist weder die Luft im Freien, im Hause etc. vollständig trocken, noch auch die Kanalluft vollständig gesättigt. Wenn wir demnach Luft von 100% relativer Feuchtigkeit mit Luft von 50% Feuchtigkeit vergleichen (Col. 10), so werden wir wohl den thatsächlichen Verhältnissen recht nahe kommen.

Das Resultat des Vergleichs wird ferner ein verschiedenes sein je nach der Temperatur, für welche wir die Frage zu stellen haben, da, wie bemerkt, die beiden in Betracht zu ziehenden Reihen der Differenzen einen entgegengesetzten Gang einschlagen. Wir haben nun die Herabminderung des specifischen Gewichtes durch die Luftfeuchtigkeit bei Temperaturen zu vergleichen, wie sie in der Kanalluft vorherrschen. Diese schwanken ungefähr zwischen +5 bis +15° C. In diesen Grenzen müssen wir uns also bewegen; und da sehen wir denn, dass die Herabminderung des specifischen Gewichts, die durch diesen Umstand herbeigeführt wird, an und für sich sehr gering ist. Das specifische Gewicht der trockenen Luft bei 0° gleich 1,000 gesetzt beträgt die Herabminderung (die völlig mit Wasserdampf gesättigte Luft der halb gesättigten gegenüber gehalten) bei 5° 0,0016, bei 15° 0,0030. Die Schwankungen im specifischen Gewicht dagegen, die durch eine Temperaturdifferenz von nur 1° C. herbeigeführt sind, gleichgültig ob die Luft trocken oder feucht ist, bewegen sich in den Grenzen von 0,0035 resp. 0,0038 (bei 5°) bis 0,0033 resp. 0,0037 (bei 15°), sind also für alle Fälle grösser; und in Wirklichkeit gestalten sich die Verhältnisse für den durch den Wassergehalt der Luft veranlassten Auftrieb noch ungünstiger, indem die grossen Differenzen in der Luftfeuchtigkeit, wie ich sie hier in Berechnung gezogen habe, nicht existiren. Die Feuchtigkeit der Luft im Freien ist, besonders im Winter, eine meist höhere als 50 %, erreicht selbst 90—100 %, wodurch dann jede Veranlassung zur Verminderung des specifischen Gewichtes schwinden wird. So war in unseren Versuchen die relative Feuchtigkeit der atmosphärischen Luft nur dreimal unter 50 %. Der Durchschnitt aus allen Beobachtungen ergab dagegen 74 %.

Wir haben bisher angenommen, dass die Kanalluft in ihrer Zusammensetzung vollständig mit der äusseren Luft übereinstimme. Dieses ist aber nicht immer der Fall. Nach den Analysen der Münchener Sielluft, die von Beetz[1]) ausgeführt wurden, enthält dieselbe 2,172 — 4,427 Volumpromille Kohlensäure: eine Menge, die nicht zu den höchsten der durch Analyse bestimmten gehört. Wenn wir auch diesem Umstand Rechnung tragen, so erhalten wir, da die Kohlensäure schwerer ist als die Luft, ein Resultat, das die Bedeutung der durch die Feuchtigkeit herbeigeführten relativen Gewichtsverminderung der Kanalluft, noch weiter herabdrückt.

1) Aerztliches Intelligenzblatt (München) 1877 S. 201.

Nehmen wir als Beispiel eine Luft von + 5° C, die mit Wasserdampf gesättigt wäre und einen Kohlensäuregehalt von 3 Volumpromille besässe.

Wir hätten dann in einem Cubikmeter 0,997 cbm Luft und 0,003 cbm Kohlensäure in Rechnung zu ziehen.

0,997 cbm mit Wasserdampf gesättigter Luft von + 5° C. wiegen (lt. Tab. L)		1,2620 kg
1 cbm Kohlensäure wiegt bei 0° und 760 m . .	1,9666	
0,003 cbm wiegen bei 5°	0,0059	0,0059
Es wiegt also 1 cbm mit Wasserdampf gesättigter Luft von + 5° bei einem Kohlensäuregehalt von nur 3‰		1,2679 kg
1 cbm kohlensäurefreier Luft von 50% relativer Feuchtigkeit wiegt bei 5°		1,2679

Es würde also auch schon ein Kohlensäuregehalt von 3 pro mille dem Volumen nach den Gewichtsverlust, der durch die relativ grössere Feuchtigkeit der Kanalluft entsteht, völlig ausgleichen[1]. Auf diese Weise glauben wir die Bedeutung der grösseren Feuchtigkeit der Kanalluft für die Bewegung resp. das Aufsteigen derselben in die richtigen Schranken gewiesen zu haben. Dieser Factor ist so unbedeutend, dass er innerhalb der hier in Betracht kommenden Temperaturen von jeder auch nur 1° betragenden Temperaturdifferenz übertroffen wird.

Wir können an diese Erörterung über den Wassergehalt der Kanalluft und dessen Einfluss auf das specifische Gewicht auch die Frage anschliessen, ob nicht noch andere Beimischungen vorhanden sind, die eine Aenderung im specifischen Gewichte veranlassen, und nach welcher Richtung hin sich diese Aenderung äussert. Es ist dabei zu beachten, dass bei einem guten Betrieb, bei guter Spülung im Allgemeinen nur wenig Gase sich entwickeln. Das grösste Contingent liefert die Kohlensäure, dann kommen noch Ammoniak und Schwefelwasserstoff in Frage; das specifische Gewicht der Kohlensäure ist nun (das der Luft gleich 1 gesetzt) 1,5292, das des Ammoniaks 0,5896, des Schwefelwasserstoffs 1,776. Kohlensäure und Schwefelwasserstoff, welcher letztere z. B. in München nur in Spuren ge-

1) Vgl. auch Renk, Hygienische Tagesfragen. II. Die Kanalgase S. 52.

funden wurde (auch in meinen Versuchen gehört die Constatirung einer spontanen Entwickelung von Schwefelwasserstoff im Kanal zu den grossen Seltenheiten), werden also das specifische Gewicht der Kanalluft nur erhöhen; und der Ammoniakgehalt ist in der Regel ein so geringer — nach den Untersuchungen von Beetz[1]) wird er vom Kohlensäuregehalt weit übertroffen —, dass dieser letztere die eventuelle Verminderung durch das vorhandene Ammoniak reichlich übercompensirt.

Als eine weitere Ursache für Aenderungen im specifischen Gewichte der Luft finden wir den Luftdruck hingestelllt; die Schwankungen, die im Luftdruck der Atmosphäre vor sich gehen, werden in der Regel keinen Einfluss üben, da ja durch die massenhaft vorhandenen Oeffnungen ein fortwährender Ausgleich stattfindet. Es wäre aber zu bedenken, dass die Kanäle allmählich immer tiefer in den Boden eindringen und dadurch die Luft im untersten Theil des Kanals unter einem höheren Druck steht als im obersten Theil. Die Aenderungen, die unter normalen Verhältnissen dadurch entstehen, sind ebenfalls sehr gering.

Für das gesammte in München jetzt bestehende Sielnetz beträgt die Höhendifferenz ca. $11{,}8^{m}$; das entspräche annähernd einer Abnahme von 1^{mm}. Da sich die Dichten resp. die specifischen Gewichte dem Drucke proportional verhalten, so erhalten wir bei 0^{0} (das specifische Gewicht bei $761^{mm} = S$, das bei $760^{mm} = 1$ gesetzt):

$$S = 1 \cdot \frac{761}{760} = 1{,}0013.$$

Die Vermehrung des specifischen Gewichts ist hiernach 0,0013, abermals weit geringer als die auch nur durch 1^{0} Temperaturdifferenz herbeigeführte (vgl. Tab. LI Col. 8).

Bei der Discussion des Einflusses, den die Feuchtigkeit der Kanalluft auf das specifische Gewicht und damit auf die Bewegung derselben ausüben kann, wurde bereits hervorgehoben, dass die durch die Temperaturdifferenzen herbeigeführten Aenderungen im specifischen Gewicht eine viel grössere Wirkung auszuüben vermögen, als die durch verschiedenen Wassergehalt bedingten.

---

1) a. a. O.

Wir müssen nun auch dafür einen bestimmten Maassstab gewinnen.

Zu diesem Zwecke denken wir uns vorerst den ganzen Kanal als ein geschlossenes Rohr, das nur an den beiden Endpunkten, hier aber vollkommen frei, mit der äusseren Atmosphäre communicirt; wir haben dann den Fall, dass ein oben und unten offenes, mit wärmerer, also specifisch leichterer Luft gefülltes Gefäss von kälterer, specifisch schwererer Luft umgeben ist. Die warme Luft wird nun von der kälteren Luft emporgedrängt und fliesst zur oberen Oeffnung aus. Die Geschwindigkeit, mit welcher der Ausfluss erfolgt, lässt sich nach folgender Formel[1]) berechnen:

$$C = \sqrt{\frac{2\,g\,H(T-t)}{273+t}}.$$

C ist die Geschwindigkeit in Metern pro Secunde; g die Acceleration oder Schwere $= 9{,}81^{\text{m}}$; H die Höhe der wärmeren Luftsäule; T die Temperatur der wärmeren, also Kanalluft; t die Temperatur der kälteren Umgebung, der Atmosphäre[2]).

Wenn wir jetzt versuchen, nach dieser Formel die theoretische Geschwindigkeit zu berechnen, so begegnen wir einer Schwierigkeit, insofern es sich darum handelt, die Höhe der Luftsäule festzustellen, die in der Formel durch H repräsentirt wird.

Diese Grösse setzt sich aus 2 Factoren zusammen: der Höhe der Kanalprofile ($= ab$ in Fig. 2) nach Abzug der Wasserhöhe, und der Niveaudifferenz der beiden Kanalenden, die als obere und untere Oeffnung aufzufassen wären ($= bc$). Sie beträgt z. B. beim Schlachthauskanal (vgl. die schematische Zeichnung von Fig. 2) $H = ab + bc = 3{,}28$ resp. nach Abzug der Wasserhöhe $= 3^{\text{m}}$.

1) Péclet, Traité de la chaleur und A. Wolpert, Theorie und Praxis der Ventilation und Heizung 2. Aufl. (1879) S. 177.

2) Für den entgegengesetzten, meist im Sommer vorliegenden Fall, dass die Kanalluft kälter ist als die Aussenluft, gilt die Formel

$$C = \sqrt{\frac{2\,g\,H(T-t)}{273+T}};$$

sie wird auch in jenen Fällen unserer Untersuchungsreihe zur Anwendung gelangen müssen, wo, wie in Versuch X, XI, XIII und XIV, die Temperatur der äusseren Luft eine höhere gewesen ist als die der Kanalluft, also die Differenz einen für unsere Begriffe negativen Charakter angenommen hat.

Aehnlich berechnet sich die Höhe bei den anderen Kanälen zu 5,6, 2,4 und 6,2 m.

Diese Höhe wird um so grösser, je länger das zu betrachtende Kanalstück ist; wir müssen deshalb auch dem Reibungswiderstand eine grössere Aufmerksamkeit zuwenden, denn dieser wächst mit der Länge des Kanals, er ist sodann auch noch dem Umfang

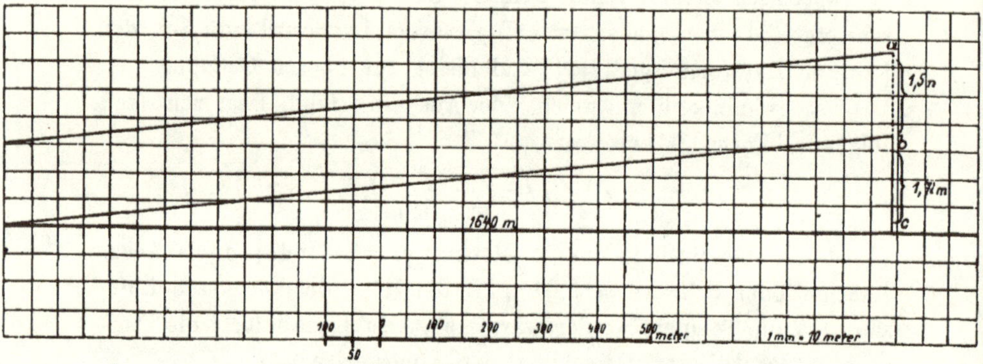

Fig. 2.

des lichten Querschnitts direct, der Fläche des letzteren umgekehrt proportional, und findet die Verminderung der Geschwindigkeit, die durch die Reibung hervorgerufen wird, ihren Ausdruck in der Formel

$$V = \sqrt{\frac{2gH(T-t)}{273+t}} : \sqrt{1+\frac{K \cdot L \cdot U}{F}}^{1)} = \sqrt{\frac{2gH(T-t)F}{(273+t)(F+K \cdot L \cdot U)}}.$$

Bezeichnen wir den Ausdruck $\sqrt{\frac{2gH(T-t)}{273+t}}$, (die Formel für die Geschwindigkeit ohne Rücksicht auf die Reibung) mit C (S. 101) so erhalten wir

$$V = \frac{C}{\sqrt{1+\frac{K \cdot L \cdot U}{F}}}.$$

Darin bedeutet L die Länge des Kanals, U den Umfang des lichten Querschnitts, F die Fläche des lichten Querschnitts, K den Reibungscoefficienten, den wir nach Wolpert u. A. mit 0,006 annehmen können.

1) Wolpert a. a. O. S. 219.

Versuchs-nummer	Kanal	L	U	F	H	T	t	$T-t$	C berechnet aus d. Formel $C=\sqrt{\frac{2gH(T-t)}{273+t}}$ Meter p. Sec.	V berechnet aus d. Formel $V=\frac{C}{\sqrt{1+\frac{K.L.U}{F}}}$ Meter p. Sec.	V beobachtet Meter p. Sec.
Col. 1	2	3	4	5	6	7	8	9	10	11	12
I	Schlachthauskanal	1640^{m}	3,14^{m}	1,05^{qm}	3,0^{m}	+8°	−3,5° −1,0	11,5° 9,0	−1,58 −1,39	−0,28 −0,25	+ unter 0,29
II	Schlachthauskanal	1640	3,14	1,05	3,0	+7	−3,9 −2,2	10,9 9,2	−1,47 −1,41	−0,27 −0,26	+ unt. 0,16 (−0,22)
III	Schlachthauskanal	1640	3,14	1,05	3,0	+8	−8,2 −6,7	16,2 14,7	−1,90 −1,80	−0,34 −0,33	+ bis 0,64
IV	Schlachthauskanal	1640	3,14	1,05	3,0	+8,6	−1,4 −0,7	10,0 9,3	−1,47 −1,42	−0,27 −0,26	+ bis 0,70
V	Schlachthauskanal	1640	3,14	1,05	3,0	+7,5	−11,1 −9,5	18,6 17,0	−2,04 −1,94	−0,37 −0,35	−
VI	Schlachthauskanal	1640	3,14	1,05	3,0	+5,8	+0,5 +1,3	5,3 4,5	−1,07 −0,98	−0,19 −0,18	±
VII	Stammsiel der Amalien-Ludwig-Veterinärstrasse	800	4,33	1,69	5,6	+5	+2,5 +2,7	2,5 2,3	−0,99 −0,95	−0,27 −0,26	+ bis 0,41
VIII	Stammsiel der Amalien-Ludwig-Veterinärstrasse	800	4,33	1,69	5,6	+6,7	−4,7 −2,8	11,4 9,5	−2,16 −1,96	−0,59 −0,54	− bis 0,36
IX	Stammsiel der Amalien-Ludwig-Veterinärstrasse	800	4,33	1,69	5,6	+6,5	−2,3 +6,5	8,8 0,0	−1,88 0	−0,52 0	− bis 0,83
X	Stammsiel der Amalien-Ludwig-Veterinärstrasse	800	4,33	1,69	5,6	+4,5	−4,5 +6,3	9,0 −1,8	−1,91 +0,84	−0,52 +0,23	− bis 0,61
XI	Nebensiel der Findling-Schillerstrasse	550	3,12	0,84	2,4	+4,5	−1,1 +8,1	5,6 −3,6	−0,98 +0,78	−0,27 +0,21	− bis 0,83, + bis 0,5
XII	Nebensiel der Findling-Schillerstrasse	550	3,12	0,84	2,4	+5,5	+0,1 +2,9	5,4 2,6	−0,96 −0,67	−0,26 −0,18	+ bis 0,65
XIII	Krankenhauskanal	300	3,52	1,16	6,2	+5	−4,3 +7,3	9,3 −2,3	−2,05 +1,00	−0,81 +0,39	− bis 0,67
XIV	Krankenhauskanal	300	3,52	1,16	6,2	+5,5	+3,1 +7,9	2,4 −2,4	−1,03 +1,02	−0,40 +0,40	− bis 0,46, + bis 0,42
XV	Krankenhauskanal	300	3,52	1,16	6,2	+6	+0,5 +1,3	5,5 4,7	−1,56 −1,44	−0,61 −0,57	− bis über 1,29
XVI		300	3,52	1,16	6,2	+5,6	−8,9 −3,1	14,5 8,7	−2,58 −1,97	−1,01 −0,76	−
XVII	die ganze Sielanlage	4000	3,60	0,88	13,4	+5	−5	10	−3,13	−0,31	

Wir sehen bei dieser Berechnung vorläufig von anderen die Geschwindigkeit beeinträchtigenden oder dieselbe fördernden Factoren ab, indem wir uns die Würdigung derselben für die Discussion der Resultate vorbehalten.

In Tab. LII auf Seite 103 sind die Resultate der Berechnungen verzeichnet und mit den Beobachtungen parallelisirt; die Zeichen + und — geben in der mehrfach angewandten Weise die Windrichtung an (für XVII, wo die theoretische Geschwindigkeit für die ganze, bis jetzt bestehende, einheitliche Sielanlage berechnet wurde, sind für *U*, *F*, *T* und *t* Mittelwerthe zur Anwendung gekommen. Als Länge *L* wurde jedoch nicht die ganze Ausdehnung des Sielnetzes von 21000^{m} angenommen, sondern jene Strecke, welche die directeste Verbindung zwischen dem höchsten und dem tiefsten Punkte des Sielnetzes abgibt und deren Länge ca. 4000^{m} beträgt).

Die Zahlen beweisen, dass in der Temperaturdifferenz zwischen äusserer Luft und Kanalluft ein bewegender Factor gegeben ist von nicht unbedeutender Stärke; es könnten, ohne Rücksicht auf die Reibung, durch denselben Luftströmungen bis zu einer Intensität von 2,58 resp. 3,13^{m} in der Secunde hervorgerufen werden. Trotzdem entspricht die Luftströmung im Kanal der berechneten Strömung nicht überall, und zwar weder nach Richtung noch nach Intensität.

Es sind hierfür mehrfache Gründe maassgebend.

Aus Col. 10 und 11 der Tabelle ist schon ersichtlich, welch grosse Herabminderung durch die Reibung erfolgt; dazu kommt, dass noch eine Reihe von Widerständen in Krümmungen, Aenderungen der Querschnitte gegeben ist, die gleichfalls der Bewegung der Luft hemmend entgegentreten; auch haben wir angenommen, dass die beiden Enden des Kanals vollständig offen und von gleichem Querschnitt seien, was auch nicht in allen Fällen zutrifft. Ferner ist ganz besonders zu berücksichtigen, dass der Sielstrang keineswegs ein so einheitliches Ganze repräsentirt, wie es bei der Berechnung vorausgesetzt werden musste. Wir haben es nicht etwa mit einer an der Peripherie vollkommen geschlossenen und nur an beiden Enden mit der Aussenluft communicirenden, geneigten Röhre zu thun. Die zahlreichen Einmündungen sowohl von der Strasse als auch von den Häusern her lassen einen jeden Sielstrang in eine Menge von grösseren und kleineren Abschnitten zerfallen, deren Begrenzung die einzelnen Communicationen mit Strassen, Häusern etc. abgeben, und die zwar nicht vollständig unabhängig von einander fungiren, aber doch so ziemlich ihre selbständigen Phänomene zeigen[1]). Dieser Umstand wird das Resultat der in der Tab. LII Col. 10 u. 11 verzeichneten Zahlen wieder nach zwei entgegengesetzten Richtungen beeinflussen.

Dadurch, dass nur eine relativ sehr kurze Kanalstrecke in Betracht zu ziehen, wird die Höhe der Luftsäule eine geringere; denn die Niveaudifferenz, die für die Höhe *H* maassgebend ist, wächst mit der Länge. Es wird dadurch sowohl die Grösse *C* als auch die Grösse *V* verringert. Wir werden also in Wirklichkeit geringere Geschwindigkeiten erhalten, als sie berechnet wurden.

Sodann wird durch die Herabminderung der Kanallänge *L* der Reibungswiderstand ein anderer und zwar kleinerer, wie aus Col. 11 zu ersehen ist. Dadurch wird zwar nicht die Grösse *C*, wohl aber die Grösse *V* beeinflusst. *V* sollte hierdurch etwas grösser ausfallen; es wird jedoch in Wirklichkeit keine besondere Zunahme erfahren, denn die Querschnitte (*F*), zu denen jetzt die Luft ein- und austreten muss, und die in den Dimensionen der Ventilationsöffnungen etc. gegeben sind, sind bedeutend kleiner, und damit erhält der Reibungswiderstand wieder einen bedeutenden Zuwachs.

Auf diese Weise lässt sich schon erklären, warum bei den Untersuchungen (Col. 12) fast stets eine geringere Geschwindigkeit gefunden wurde, als sie theoretisch erwartet werden sollte.

Auch der Einfluss wird jetzt erklärlich, den der eigenthümliche Gitterverschluss am oberen Ende des Krankenhauskanals hervorbringen musste. Dem Austritt der Luft war an dem grossen Querschnitt ein sehr geringer Widerstand entgegengesetzt, und ausserdem erfuhr die Höhe der wärmeren Luftsäule eine Vermehrung, indem sich noch die Höhe des Schachtes von der Kanaldecke an bis zum Niveau des

---

1) Hierin liegt auch der Grund, warum ich es unterlassen, zwei Partien eines und desselben Kanalsystems, eine obere und eine untere, einer gleichzeitigen Untersuchung zu unterziehen, warum ich ferner der relativ so geringen Temperaturdifferenz zwischen unterem und oberem Kanalende keine grössere Beachtung geschenkt habe.

Hofes zu der durch die Höhe des Profils und die Niveaudifferenz der Kanalsohle erreichten hinzu addirte.

Unsere Tab. LII zeigt aber auch noch völlige Umkehrungen der theoretisch zu erwartenden Luftströmung und zwar in einer ziemlich grossen Anzahl von Beobachtungen.

Hierfür können wir sicherlich in hervorragender Weise die Hausanschlüsse verantwortlich machen, die einen grossen Einfluss auf die Luftströmungen im Kanal nehmen müssen. Dort, wo bisher nicht durch eine Absperrung mittels Wasserverschlusses dafür gesorgt ist, dass das Haus gegen den Kanal vollständig abgeschlossen ist, wo ferner die Röhren vom Dache ohne Wasserverschluss oder Schachtsyphon einmünden, wird sich im Winter in vielen Fällen ein aufsteigender Luftstrom in dem Rohrstrang ausbilden. Besonders in jenen Fällen, in denen man in zweckmässiger Weise die Abtrittröhren über das Dach hinausgeführt und am oberen Theil derselben eine Wärmequelle angebracht hat. Dieser Luftstrom, dieses Ansaugen der Kanalluft ins Haus, wird nun die bestehende Luftströmung im Kanal theils befördern, theils behindern, je nachdem, in welchem Theile des Kanals die grössere Anzahl derartiger Saugröhren angebracht ist: sind sie, wie im Krankenhauskanal, am oberen Ende des Kanals, so werden sie den (im Winter) aufsteigenden Luftstrom unterstützen; dann kann, wie gerade in diesem Kanal, die beobachtete Geschwindigkeit nicht selten die durch Berechnung gefundene übertreffen; befinden sie sich dagegen mehr am unteren Ende, so werden sie dem aufsteigenden Luftstrom in den oberhalb gelegenen Theilen entgegenwirken und eventuell sogar ein Umkehren desselben bewirken[1]). Man könnte auch an der Hand unserer Versuche eine darauf bezügliche Berechnung anstellen. Aus den bei denselben (besonders XI bis XV) verzeichneten Zahlen, welche die Stärke der Luftbewegung repräsentiren, und aus dem Querschnitt lässt sich die Luftmenge bestimmen, die innerhalb einer bestimmten Zeit ein- und ausströmte. Wenn man diese für die Hausanschlüsse gefundenen Grössen nach den beiden Strömungsrichtungen hin mit einander vergleicht, so findet man der Rechnung nach meist die-

1) Soyka, Hygienische Tagesfragen. I. S. 12.

jenige Luftströmung überwiegend, die auch in diesem Theile des Kanals vorhanden ist. Ich unterlasse jedoch nähere Zahlenangaben, da ja, wie schon betont, diese auch innerhalb eines Versuchs grosse Schwankungen darboten und dadurch, dass sie zu verschiedenen Zeiten gewonnen wurden, nicht gleichwerthig sein können. Um überhaupt hierüber entscheidende Versuche beizubringen, müssten innerhalb eines Kanalstranges an allen Einmündungen, sowohl vom Hause als auch von der Strasse her, ferner in den Häusern selbst und an allen Strassenöffnungen zu gleicher Zeit Beobachtungen angestellt werden: eine Aufgabe, zu der eine sehr grosse Zahl von Beobachtern aufgeboten werden müsste, und die kaum im Verhältniss stände zu den durch sie zu erzielenden Resultaten.

Es ist aber noch ein Factor vorhanden, welcher der aufsteigenden Luftströmung in den Kanälen entgegenarbeitet, und zwar ist dies die Strömung des Kanalwassers. Auf den eventuellen Einfluss dieses Momentes wurde schon von mir [1]) und von Rózsahegyi [2]) hingewiesen, und manche Beobachtungen in unseren Versuchen schienen diesen Einfluss auch zu bestätigen (Versuch VII u. IX); manche schienen ihn jedoch zu widerlegen, so besonders jene Fälle, wo gerade in den unteren, am Wasser befindlichen Luftschichten ein aufsteigender, in den oberen Schichten dagegen ein absteigender Luftstrom vorhanden war (Versuch VI u. XI), ferner die Versuche im Krankenhauskanal, wo trotz einer sehr heftigen Wasserausströmung aus den Hausentwässerungsröhren (der Strahl war über armdick) doch ein aufsteigender, gegen das Haus gerichteter Luftstrom vorhanden war (Versuch XIV u. XV). Allerdings liess sich in diesen Fällen, wenigstens am Wasser selbst, eine der Strömung des letzteren gleich gerichtete Luftbewegung nachweisen.

Es schien nun jedenfalls wünschenswerth, diesen Factor einer experimentellen Prüfung zu unterziehen, um wenigstens ein annäherndes Bild über den Einfluss desselben zu gewinnen. Ein äusserstes Minimum liess sich schon im Vorhinein feststellen; die

1) Hygienische Tagesfragen. I. S. 12.

2) Rózsahegyi, Ztschr. f. Biologie Bd. 17 S. 38 u. Vierteljahrsschrift f. öffentl. Gesundheitspflege Bd. 14 S. 62.

Geschwindigkeit, die das Wasser der Luft mittheilte, konnte nicht grösser sein, als diejenige, die das Wasser selbst besass. Aus der Menge des Wassers, die innerhalb einer Secunde den Kanal durchfliesst[1]), und aus dem Querschnitt, auf dem das Wasser abfliesst, berechnet sich für die Münchener Siele eine Geschwindigkeit von 0,61 bis 1,15[2]) (von extremen Fällen abgesehen).

Um nun zu erfahren, wie mächtig der Einfluss des Wasserstromes ist, wählte ich folgende Versuchsanordnung.

Eine 1,4^{m} lange, vollkommen gerade Eisenröhre von einem Durchmesser von 34^{mm} wurde horizontal eingestellt und an dem einen Ende mit einem doppelt durchbohrten Stöpsel verschlossen. In der einen Oeffnung dieses Stöpsels wurde eine Communication mit der Wasserleitung hergestellt; in die andere Oeffnung wurde ein Trichter gesteckt, der derart umgebogen war, dass seine Trichteröffnung nach abwärts schaute und so eine Art Kamin bildete.

Am offenen Ende der Röhre wurde ein Apparat angebracht, der dazu dienen sollte, die jeweilige Wasserhöhe in der Röhre zu messen. Zu diesem Behufe war hier in der oberen Wand der Röhre ein Gewinde eingeschnitten, in welchem eine in eine Spitze endigende Schraube bewegt werden konnte, derart, dass je eine ganze Umdrehung einem Vorrücken um einen Millimeter entsprach. Mittels einer in 100 Theile getheilten Scheibe, die an der Schraubenmutter angebracht war, konnte sodann noch ein hundertstel Millimeter gemessen werden. Die Einstellung auf den Wasserspiegel konnte recht genau vorgenommen werden; sie war erreicht, wenn sich die Schraubenspitze mit der Spitze des Spiegelbildes berührte. Die vollständig horizontale Lage der Röhre ermöglichte es, dass innerhalb eines Versuches der Wasserstand in allen Querschnitten der gleiche war. Durch verschieden weites Oeffnen des Wasserleitungshahns konnten verschiedene Mengen Wassers mit verschiedener Geschwindigkeit durch die Röhre abfliessen; gleichzeitig wurde unter dem als Kamin fungirenden Trichter durch eine glimmende Lunte Rauch entwickelt. Wenn das strömende Wasser die Luft mit sich fortbewegte, so musste zu der einzigen, vorhandenen

1) Erste Abhandlung. Ztschr. f. Biologie Bd. 17 S. 377.

2) Das Kanal- u. Sielsystem in München S. 56.

Oeffnung, in der sich eben der Trichter befand, die Luft und mit ihr auch der Rauch aspirirt werden und, es konnte die Zeit gemessen werden, welche zwischen Ein- und Austritt des Rauches verfloss, also zum Durchgang durch die Röhre benöthigt wurde (ein zweiter Beobachter signalisirte das erste Erscheinen des Rauchs). Bei der bekannten Länge der Röhre war hierdurch die Geschwindigkeit der Luftbewegung in der Röhre bestimmt, die hier doch nur durch die Bewegung des Wassers veranlasst wurde; denn wenn kein Wasser in die Röhre eingeleitet wurde, kam auch keine Aspiration, kein Einströmen des Rauches zu Stande.

Die Geschwindigkeit, mit der das Wasser sich bewegte, wurde in der Weise bestimmt, dass das innerhalb bestimmter Zeit abfliessende Wasser gewogen wurde. Das Gewicht des Wassers durch die Anzahl der Secunden dividirt ergab die Secundenliter. Durch Division mit dem Querschnitte des vom Wasser ausgefüllten Raumes erhielt man sodann die Geschwindigkeit des Wassers in der Röhre.

Aus der Höhe des Wasserstandes in der Röhre und dem Halbmesser der Röhre wurde der Querschnitt, in welchem das Wasser die Röhre durchfloss, folgendermassen berechnet.

Es sei Fig. 3 der Querschnitt der Röhre; so bedeuten:

$AO = r$ den Halbmesser der Röhre $= 17^{mm}$;

$CD = h$ die jeweilige Höhe des Wassers in der Röhre;

$AB = s$ die Sehne, welche vom Wasserspiegel in der Röhre gebildet wird. Der zu ihr gehörige Winkel AOB sei mit α bezeichnet.

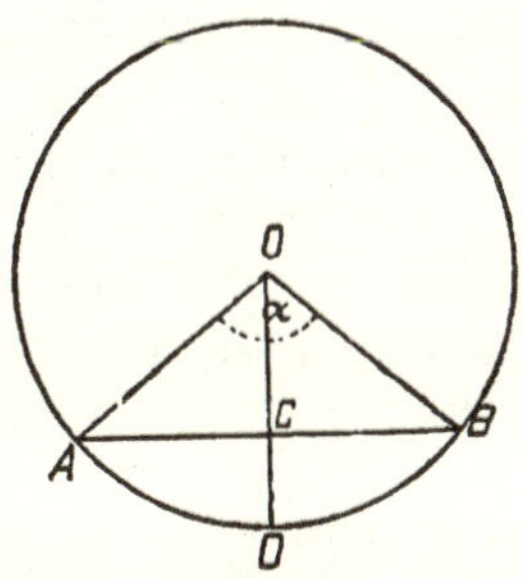

Fig. 3.

Zu berechnen ist der Flächeninhalt des Segmentes $ADBC$, der Querschnitt des vom Wasser ausgefüllten Raumes.

Es wird zuerst $AC = \frac{AB}{2} = \frac{s}{2}$ bestimmt nach der Formel:

$$AC = \frac{s}{2} = \sqrt{AO^2 - OC^2} = \sqrt{r^2 - (r-h)^2} = \sqrt{2rh - h^2};$$

sodann wird der Winkel $AOB = \alpha$ berechnet aus:

$$\sin\frac{\alpha}{2} = \frac{AC}{AO} = \frac{s}{2r}.$$

Aus diesen Grössen kann der Flächeninhalt des Sectors $ADBO$ gefunden werden. Derselbe verhält sich zum Flächeninhalt des ganzen Kreises $\pi r^2 = 907^{qmm}$ wie der ihm zugehörige Winkel α zu 360^0:

$$ADBO : \pi r^2 = \sphericalangle \alpha : 360. \quad ADBO = \frac{\pi r^2 . \alpha}{360}.$$

Durch Subtraction des Flächeninhalts des Dreiecks $ABO = \frac{AB}{2} . OC = \frac{s}{2} . (r - h)$ erhält man sodann die Fläche des Segments $ADBC$.

$$\text{Flächeninhalt von } ADBC = ADBO - ABO = \frac{\pi r^2 \alpha}{360} - \frac{s}{2}(r - h).$$

Bei der Beurtheilung des Einflusses, den das strömende Wasser auf die Luftbewegung nehmen kann, wird uns nicht bloss die Geschwindigkeit interessiren, mit der sich das Wasser bewegt, sondern auch der Raum, den es in der Röhre ausfüllt, die Höhe, in welcher es steht, endlich die Fläche, mit der es mit der Luft in Berührung steht.

In folgender Tabelle sind die Resultate der Versuche verzeichnet:

Tabelle LIII.

h = Höhe des Wassers in Millimetern .	4	4,3	5,5	6	8	9,5	11,25	11,35
$s = AB$ (Begrenzungslinie des Wasserspiegels) in Millimetern	21,9	22,6	25,02	25,92	28,84	30,50	32,00	32,067
$S = ADBC$ (Flächeninhalt des vom Wasser eingenommenen Querschnitts) in Quadratmillimetern	59,91	66,53	95,07	107,89	162,80	206,87	262,07	265,28
V_1 = Geschwindigkeit des Wassers (in Millimetern p. Sec.)	96,3	163,0	178,1	184,4	213,7	251,1	282,3	328,9
V_2 = Geschwindigkeit des Rauchs (in Millimetern p. Sec.)	39	64	77,6	76	93	100	114	140
$\frac{V_2}{V_1}$	0,40	0,39	0,40	0,41	0,45	0,40	0,40	0,42

Wir finden in der Intensität der Luftbewegung bestimmte Beziehungen zur Geschwindigkeit des Wassers, zur Höhe und zur Oberfläche desselben, sowie auch zum Querschnitt, in welchem es abfliesst.

Mit der Zunahme der Stromgeschwindigkeit wächst auch die Luftgeschwindigkeit, und ist eine gewisse Gesetzmässigkeit beider Factoren nicht zu verkennen. Der Quotient $\frac{V_2}{V_1}$, der da angibt, den wievielten Theil der eigenen Geschwindigkeit das Wasser der Luft mittheilt, zeigt keine grossen Schwankungen, und beträgt hier die Luftgeschwindigkeit ca. 40% der Geschwindigkeit des Wassers. In Wirklichkeit dürften die Zahlen noch kleiner ausfallen; denn die Luftgeschwindigkeit, die bei diesen Versuchen gefunden wurde, entspricht wohl nicht immer der mittleren Geschwindigkeit. Wenn sich der Rauch allmählich auf das Niveau des Wassers herabsenkt, so kommt er in die Zone der grössten Geschwindigkeit, und wir erhalten dann zu hohe Resultate. Sodann wird in den Kanälen bei dem grossen Umfange derselben und der grossen Luftmasse der Reibungswiderstand ein viel grösserer sein. Auch ist die Form der Kanäle wohl von Einfluss[1]). Durch das eiförmige Profil, das mit Rücksicht auf den raschen Abfluss, die grössere Stromgeschwindigkeit des Wassers gewählt wird, ist die Fläche, auf der die Luft mit dem Wasser in Berührung steht, eine relativ kleine. Ohne also auf Grund dieser Versuche Gesetze für die Abhängigkeit der Luftströmung von der Wasserströmung ableiten zu wollen, dürfen wir wohl behaupten, dass die Geschwindigkeit, die das fliessende Wasser der Luft in den Kanälen mittheilt, nicht über die Hälfte der eigenen Geschwindigkeit hinausgeht, ja wahrscheinlich noch ziemlich weit unter derselben zurückbleibt. Wir werden diesem Factor jedenfalls eine gewisse Bedeutung zuschreiben dürfen, ohne dieselbe jedoch zu überschätzen.

Wir können bei unseren Untersuchungen noch einen praktischen Gesichtspunkt ins Auge fassen, indem wir uns die Frage vorlegen, ob die Vorkehrungen, die wir in unseren Häusern zu dem Zwecke angebracht haben, um uns gegen die Emanationen der Kanäle zu schützen, auch wirklich ihren Zweck erfüllen. Es soll hier nur entschieden werden, ob die Wasserverschlüsse, die in den Häusern an Ausgüssen, Closets etc. angebracht werden, stark genug sind, um dem vom Kanal herrührenden Druck zu widerstehen. Als Maassstab für diesen Druck können wir die Intensität der Luftbewegung in den

1) vgl. auch Rózsahegyi, Vierteljahrsschr. f. öffentl. Gesundheitspflege Bd. 14.

Kanälen und Hausleitungen auffassen, denn ein jeder Ueberdruck im Kanal wird sich ja, sobald nur Oeffnungen vorhanden sind, durch eine Luftströmung mit dem äusseren Druck auszugleichen suchen.

Die Luft, die in dem Hausentwässerungsrohr mit einer bestimmten Geschwindigkeit gegen das Haus hinströmt oder hinzuströmen sucht, stösst bei den Wasserverschlüssen auf einen Widerstand, eine Art Manometer, und wird hier die Geschwindigkeit auf den getroffenen Körper als Druck übertragen; die Kraft, welche die bewegte Luft ausübt, ist proportional dem Producte aus der Masse der bewegten Luft in das Quadrat der Geschwindigkeit der Bewegung:

$$p = \tfrac{1}{2}\, m v^2 \text{ (Recknagel)}[1].$$

Hierbei bedeutet p den Druck in Kilogrammen auf 1^{qm}, m die Masse eines Cubikmeters Luft d. i. das Gewicht eines Cubikmeters Luft dividirt durch die Beschleunigung (bei 0^0 und 760^{mm} Barometerstand $= \frac{1{,}293}{9{,}81} = 0{,}1318\Big)$, v die Geschwindigkeit in Metern pro Secunde.

Die Maximalgeschwindigkeit in unseren Versuchen war in den Hausleitungen etwa $1{,}5^m$. Wir wollen dieselbe jedoch noch verdoppeln und rund mit 3^m annehmen (diese Geschwindigkeit entspricht auch der in einer Strasseneinmündung in Versuch VIII S. 71 beobachteten Maximalgeschwindigkeit, welche allerdings ihre Erklärung in den eigenartigen Verhältnissen dieses Seitenkanals findet. Derselbe war nämlich noch nicht in Betrieb gesetzt und endigte an seinem oberen Ende blind, so dass dieses Strassenrohr den einzigen Weg bildete, auf welchem an dem oberen Kanalende eine Communication nach aussen vermittelt wurde). Die Rechnung ergibt nun für den einer Geschwindigkeit von 3^m per Secunde entsprechenden Druck

$$p = \frac{1}{2} \cdot \frac{1{,}293}{9{,}81} \cdot 3^2 = 0{,}5931^{kg}.$$

Der Druck, der einer Windgeschwindigkeit von 3^m in der Secunde entspricht, beträgt also $0{,}5931^{kg}$ pro Quadratmeter; und wenn wir daraus die Höhe der getragenen Wassersäule berechnen, so erhalten wir den höchst geringen Werth von $0{,}59^{mm}$, d. h. eine Wassersäule von $0{,}59^{mm}$ reicht hin, um dem aus der Luftbewegung in dem Hausrohr entstehenden Druck das Gleichgewicht zu halten.

1) Poggendorff's Annalen 1880.

Bei dem Umstande, dass ausser der hier entwickelten Recknagel'schen Formel zur Umwandlung der Windgeschwindigkeit in Druck noch einige andere, von ihr in den Resultaten abweichende bestehen, wollen wir die Resultate, die nach diesen verschiedenen Methoden erhalten werden, neben einander stellen.

	Windgeschwindigkeit in Metern pro Secunde	Druck in Kilogramm pro Quadratmeter oder Höhe der getragenen Wassersäule in Millimetern
Nach Recknagel $p = \frac{1}{2} m v^2$ . .	3	0,59
Nach Wolpert[1]	3	1,17
Nach Scott[2]	3	1,2
Nach Smeaton[3]	3	1,47
Nach Buys-Ballot[4] $p = -1{,}00 + 0{,}45\, v + 0{,}20\, v^2$	3	2,15

Die Formel von Buys-Ballot gibt nach Jelinek zu grosse Werthe des Winddruckes, und auch die anderen Umwandlungen liefern höhere Zahlen als die erstgefundene gewesen; aber selbst wenn wir die höchste nehmen, so ist der Werth derselben gegenüber der Wasserhöhe von 5 bis 10^{cm} ein höchst geringer.

Auf Grund dieser Berechnungen können wir also die Behauptung aussprechen: die in den Kanälen vorhandenen Luftbewegungen sind nicht die Veranlassung, dass die 5—10^{cm} und mehr betragenden Wasserverschlüsse in unseren Häusern insufficient werden; die Gründe hierfür müssen in anderen Momenten gesucht werden[5]).

Wir haben an der Hand dieser Untersuchungen ein Bild gewonnen über die Luftströmung in den Kanälen und deren Anschlüssen und über die Kräfte, welche dieselbe veranlassen. Es gestaltet sich das Zusammenwirken so verschiedener, verschieden mächtiger und an verschiedenartigen Angriffspunkten wirkender Factoren zu einem recht complicirten Vorgange, bei welchem es nicht leicht ist, jedem einzelnen der mitspielenden Momente in jedem Falle die richtige Bedeutung zu vindiciren.

Die wichtigsten Verhältnisse, deren Einflussnahme auf die Luftbewegung besonders behauptet oder bestritten werden muss, seien hier nochmals zusammengefasst.

Es ist zuvörderst zu betonen, dass unter gewöhnlichen Verhältnissen ein Sielsystem wie das hier untersuchte keine constante oder auch nur einheitliche Luftströmung darbieten kann, weder in

1) a. a. O. S. 238.
2) Jelinek, Anleitung zur Anstellung meteorologischer Beobachtungen 117. S.
3) Lang, Ueber natürliche Ventilation S. 65.
4) Jelinek a. a. O.
5) Renk, Hygienische Tagesfragen. II. Die Kanalgase.

den Kanälen selbst, noch auch in den Anschlüssen, Abzweigungen etc. Es tritt dies zu Tage, wenn wir die Luftströmungen der Wintermonate mit denen der Sommermonate vergleichen, wenn wir ferner die Versuche zu verschiedenen Zeiten derselben Periode, ja desselben Tages und an verschiedenen Stellen desselben Sielstranges einander gegenüberstellen, wenn wir ferner erwägen, dass wir künstlich, durch geringfügige Manipulationen, die Luftströmung beeinflussen können.

Dass in einem und demselben Kanalstrang verschiedene Stellen zur selben Zeit verschiedene Luftströmungen zeigen, ist in dem discontinuirlichen Charakter des Siels begründet. Die zahlreichen Ventilationsöffnungen, Haus- und Strassencommunicationen ermöglichen es, dass sich in relativ kurzen Strecken eigene Luftcirculationsverhältnisse ausbilden, mehr weniger unabhängig von denen benachbarter Partien.

Unter denjenigen Factoren, welche die Luftbewegung veranlassen, ist der Temperaturdifferenz eine wesentliche Rolle zuzuschreiben. Temperaturdifferenzen zwischen Sielluft und atmosphärischer Luft werden für den grösseren Theil des Jahres vorherrschend sein. Im Sommer besitzt die äussere Luft eine höhere Temperatur, im Winter der in den Erdboden eingebettete Kanal. Dadurch sollte je nach der Jahreszeit und eventuell sogar Tageszeit die Kanalluft eine bald auf-, bald abwärts gerichtete Bewegung zeigen. Im Winter sollte die leichtere Kanalluft nach aufwärts strömen, von der schwereren äussern Luft nach oben gedrängt werden, im Sommer im entgegengesetzten Sinne sich bewegen. Diesem Bestreben arbeiten aber wieder zahlreiche mächtige Einflüsse entgegen, so dass die beobachtete Luftströmung oft das Gegentheil darbietet von der theoretisch zu erwartenden.

Es wirken hier abermals Temperaturdifferenzen mit; dort, wo directe Communicationen zwischen Haus und Siel bestehen, wird sich der Einfluss der Temperatur im Hause, im Abtrittraum, in der Abtrittröhre geltend machen, und da in den meisten Fällen, unabhängig von der Jahreszeit, im Hause eine höhere Temperatur herrscht als im Siele, diese auch noch künstlich durch Erwärmung der Luft im obersten Theile des Abtrittrohrs herbeigeführt wird, so ist eine Ventilation durch Abtrittröhren, ein Aufsteigen der Kanalluft, ein Hinausleiten derselben über Dach wohl möglich. Doch auch in diesen Theilen des Kanalsystems ist keine Constanz in den Befunden vorhanden, wohl hauptsächlich aus dem Grunde, weil hierbei die verschiedenartigsten Modificationen bestehen können. Die Situation der Abtritte ist in den einzelnen Häusern eine sehr verschiedene: oft in der Nähe einer Wärmequelle (Küche, Kesselhaus u. dgl.) gelegen, behalten sie Sommers und Winters eine höhere Temperatur; oft in einer Art Anbau untergebracht, besitzen sie im Winter eine niedrigere Temperatur, als sie im Kanal vorherrschend ist (s. auch Versuch III von Lissauer[1]) mit + 4° R. und mit Richtung der Luftströmung nach abwärts gegen den Kanal).

Diese Hausentwässerungsröhren können aber, wenn sie in überwiegender Anzahl eine Luftströmung unterhalten, dadurch, dass sich ihre Wirkungen summiren, der Luftströmung im Kanal selbst ihre Directive geben und so den Einfluss der Temperaturdifferenz zwischen Kanalluft und atmosphärischer Luft eliminiren oder bedeutend herabmindern.

Es ist eine nothwendige Consequenz, dass diesem Wechsel in den für die Richtung der Luftbewegung maassgebenden Factoren Rechnung getragen werden muss in jenen Fällen, wo durch künstliche Anlagen (Schlote, Thürme, Ventilationsröhren) der Kanalventilation ein bestimmter Gang vorgeschrieben werden soll. Ist die Ventilation von der Wirkung der Temperaturdifferenz zwischen Kanal- und äusserer Luft abhängig, dann kann sich leicht und oft der Fall ereignen, dass der Luftstrom in seiner Richtung eine vollständige Umkehrung zeigt.

Die Annahme, als müsse im Siel deshalb ein aufsteigender Luftstrom herrschen, weil die Sielluft wegen ihres grösseren Gehaltes an Wasserdampf meistens leichter sei als die äussere Luft, ist nicht stichhaltig; sie könnte nur für jene Fälle ins Feld geführt werden, wo die Sielluft und die äussere Luft dieselbe Temperatur besitzen, was höchst selten vorkommt. Den durch Temperaturdifferenzen bedingten Gewichtsänderungen gegenüber ist aber der durch den Wassergehalt bedingte Gewichtsunterschied ein so geringer, dass er von keinem Einflusse sein kann, und wird derselbe ausserdem durch die physikalische resp. chemische Beschaffenheit der Kanalluft (Kohlensäuregehalt etc.) reichlich compensirt.

1) Vierteljahrsschrift f. öffentl. Gesundheitspflege Bd. 13 S. 350.

Das im Kanal zur Abschwemmung dienende Wasser theilt der Luft seine Bewegung mit und verleiht derselben also eine absteigende Tendenz, welche die durch Temperaturdifferenzen intendirte Bewegung bald fördert, bald hindert; doch bleibt seine bewegende Kraft hinter der in den Temperaturdifferenzen gelegenen meist weit zurück.

Bei richtigen Wasserverschlüssen im Hause ist der vom Kanal aus gegen das Haus oder die Strasse hin gerichtete Luftstrom resp. Luftdruck auch nicht im entferntesten im Stande, dieselben zu überwinden. Wenn Wasserverschlüsse insufficient werden, so liegt dies in der mangelhaften Construction und den Verhältnissen im Hause selbst.

Der Schlussfolgerungen in epidemiologischer Beziehung kann ich mich in dieser Arbeit mit Hinweis auf die im ersten Kapitel angeführten enthalten. Nur dies könnte noch hervorgehoben werden: wenn die in den Münchener Sielen gemachten Beobachtungen sich auf andere Städte übertragen lassen, dann ist es bei dem durch die natürlichen klimatischen Verhältnisse bedingten, steten Wechsel in den Kanalgasströmungen nicht möglich, dass eine ausschliesslich nach gewissen Localitäten, nach gewissen Richtungen hin erfolgende Ausbreitung epidemischer Krankheiten ihre Ursache in der Strömung, speciell in dem constanten Aufsteigen der Kanalgase habe.

III. Kapitel.

Die Selbstreinigung des Bodens.

Bei allen den verschiedenartigen Methoden, deren wir uns zur Beseitigung unserer Abfallstoffe, sowie zur Umwandlung derselben in hygienisch indifferente Stoffe bedienen, haben wir den Erdboden von zwei einander scheinbar widersprechenden Gesichtspunkten aus zu betrachten.

Wir haben zuvörderst die Aufgabe, denselben, wenigstens soweit er als Grundlage unserer Wohnstätten dient und in unmittelbarer Nachbarschaft derselben sich befindet, vor jeder erheblichen Verunreinigung zu bewahren; wir sind aber andererseits darauf hingewiesen, in gewissen Fällen auf dessen Mithilfe zu recurriren, wenn es sich darum handelt, die Abfallstoffe, die nicht direct durch Abschwemmung entfernt, oder die nicht unmittelbar als Dünger verwerthet werden können, einem Process zu unterwerfen, der sie in rascher Weise in gesundheitlich indifferente Stoffe umwandelt.

Die Verknüpfung dieser beiden Gesichtspunkte, die stete gleichzeitige Rücksichtnahme auf beide hat vor allem dazu geführt, jene älteste und scheinbar einfachste Methode der Städtereinigung, die Aufspeicherung der Abfallstoffe in Gruben, die in den Boden eingegraben wurden, zu verwerfen. Es wurde dadurch, besonders da diese Gruben unmittelbar am Haus angebracht waren, eine Bodenverunreinigung herbeigeführt, die sich physikalisch, chemisch und leider oft genug auch epidemiologisch constatiren liess; — und doch müssen wir — gewissermaassen im Widerspruch mit dieser Thatsache — in dem Erdboden ein Material sehen, das geeignet ist, förmlich desinficirend auf die Abfallstoffe einzuwirken und uns so in unseren Reinlichkeitsbestrebungen wesentlich zu unterstützen, vorausgesetzt, dass die Application am richtigen Orte und im richtigen Maasse erfolgt.

Es ist keineswegs eine neue Beobachtung, dass der Boden gegenüber Flüssigkeiten eine reinigende Wirkung ausübt, dass unreine Flüssigkeiten, die eine gewisse Bodenschichte durchdringen müssen, mehr oder weniger gereinigt dem Boden wieder entströmen, und dass hierbei nicht bloss eine Filtration der mechanisch im Wasser suspendirten Stoffe eintritt. Die Praxis hat sich dieser Thatsachen seit Jahrhunderten bemächtigt und von ihr die Nutzanwendung fürs Leben gezogen. Portius[1]) schildert um 1685 die Methode, deren sich die Bewohner Venedigs bedienen, um reines Wasser in ihren Cysternen zu erhalten. »Diese Cysternen besitzen an ihren Seitenwänden eine nicht geringe Quantität reinen Sandes, und diese ganze vom Sande gebildete Umfassung nennen die Venetianer den Schwamm der Cysterne. Um diese Sandanhäufung rings herum befindet sich ferner ein aus feiner, lehmiger Erde errichteter Schutzwall gegen das salzige Wasser. Er stellt ein compactes Aggregat eines ausgetrockneten Pulvers dar, mit welchem eine Art Mauer oder Damm um den Sand gebildet ist, welcher einen jeden Zugang salzigen Wassers verhindert. Die Kanäle jedoch sind so disponirt, dass das Regenwasser innerhalb des Sandes aufgenommen wird, oder dass das mittels Nachen aus den nächsten Flüssen herbeigeführte Wasser innerhalb des Sandes zum Abfluss gelangt. Dieses Wasser läuft sodann, die Seitenwände der Cysterne durchdringend, aus vielen Poren klar und rein in die Höhlung der Cysterne ab. Durch diese Vorrichtung werden viele Fehler des Wassers verbessert, von denen nicht der geringste sowohl der schlechte Geruch als auch der Geschmack nach Theer ist. Wie ich nämlich bei öfterer Verwendung beobachtete, so nimmt auf diese Weise das

1) De militis in castris sanitate tuenda, auctore Luca Antonio Portio. Vienna 1685.

Wasser, das auf kleineren, mit Theer bestrichenen Schiffen herbeigeführt wird, nach Ablauf von 3—4 Stunden sowohl den Geschmack als auch den Geruch von Theer an. Wenn sodann dieses selbe Wasser durch den Sand gelaufen, erinnert es durchaus nicht mehr an Theer. Aus welchem Argument allein glaubhaft wird, dass das Wasser bedeutend besser wird, wenn es durch Sand fliesst.«

»Auch habe ich an anderen Orten mehrfach bemerkt, dass nur wenige Schritte unterhalb eines unreinen, stehenden Wassers ein Bach reinen Wassers abfliesst und zwar war es das Wasser desselben Sumpfes, welches, durch unterirdische Gänge fliessend und die Verunreinigungen dort deponirend, sodann aus dem Boden wieder hervorkam und jenen Bach constituirte. Manchmal war das Wasser auch unrein infolge Auflösung von Seife in demselben (Weiber pflegten nämlich die schmutzigen Kleider in demselben zu waschen), während der Bach unterhalb reines Wasser hatte« [1]).

1) Portius knüpft hieran auch eine Anweisung zur Herstellung von Brunnen mit reinem Wasser, die ich deshalb hier anführe, weil sie im Principe nichts anderes ist als eine Art Filtergalerie, wie wir sie jetzt auch noch construiren: »Nach diesen hier dargelegten Thatsachen will ich, sofern mir irgend ein Baustück, Hain, oder irgend etwas Aehnliches an der Donau oder irgend einem anderen Flusse oder auch Sumpfe gegeben ist, aus unreinem Wasser mir eine Quelle von viel reinerem Wasser verschaffen. Ebenso will ich, wenn mir ein Grund mit einer Cysterne (puteus) zu Gebote steht, deren Wasser schmutzig und ungesund ist, daraus einen Brunnen von gesünderem Wasser beschaffen. Es sei irgendwo in der Donau ein Nachen (cymba) befestigt, der frei ist von für Wasser durchlässigen Spalten. Dieser sei der Länge nach durch Interposition von bretternen Böden in mehrere Theile »Castelle« abgetheilt (der Name Castelle, weil sie denselben Zweck erfüllen, dem die »Castella« bei den Aquäducten dienen). Die Septa müssen zweierlei Art sein, solche, die das in die Castelle eintretende Wasser nur durch eine oder mehrere Oeffnungen, die sich im oberen Theil dieses Septums befinden, gegen den Hintertheil abfliessen lassen, und solche, die das Wasser dahin nur durch eine genügend weite und oblonge, knapp am Boden befindliche Spalte abfliessen lassen; resp. dieses Septum darf nicht vollständig bis auf den Boden des Kahns reichen. Diese Septa müssen mit einander alterniren, so dass alle ungeraden Septa mit dem ersten, die geraden mit dem zweiten übereinstimmen. An dem Vordertheil soll eine mit mehreren Oeffnungen versehene Platte angebracht sein, durch welche das zu reinigende Wasser einzuleiten ist. Alle Castelle aber, mit Ausnahme der beiden äussersten je am Hintertheil resp. Vordertheil befindlichen, sind mit kleinen Steinen und reinem von allem Schmutz be-

Wir sehen aus diesen Angaben, dass Portius auch schon die Bedeutung des Bodens in der Frage der Flussverunreinigung berührte, und dass hier, wie so oft, die praktische Verwerthung einer naturwissenschaftlichen Thatsache ihrem Studium, ihrer Begründung weit vorauszuschreiten vermochte; denn erst in der ersten Hälfte dieses Jahrhunderts wurde diese Frage Gegenstand wissenschaftlicher Studien und Experimente, und zwar war es die Agriculturchemie, die in erster Linie sich diesen Problemen zuwandte. Bronner[1]) suchte die auffallende Erscheinung zu erklären, dass selbst bei völligem Durchdringen einer Bodenschichte von bestimmter Höhe von einer Düngerflüssigkeit, die extractiven Düngtheile selten gleichmässig bis in die tiefste Schicht sich vertheilen. Er führt folgendes lehrreiche Experiment an:

»Man füllt eine Bouteille, die in ihrem Boden ein kleines Loch hat, mit feinem Flusssande oder halbtrockener, gesiebter Gartenerde an. In diese Bouteille giesse man allmählich so lange

---

freiten Sande zu füllen. Auch soll die siebartige, eiserne Platte und alle Oeffnungen der Scheidewände etwas tiefer gelegen sein, als der Horizont der Wasseroberfläche, von der aus die Entnahme erfolgt. Das Wasser tritt nun durch die Oeffnungen der Metallplatte ein, so dass alle schwimmenden und alle grösseren und unproportionalen Körper durch die Oeffnungen zurückgehalten werden. Das Wasser in dem Vordertheil wird also schon reiner sein als das zufliessende und da das Wasser in dem ersten Raum weniger bewegt wird als im Fluss ausserhalb des Nachens, so wird es einen Theil seiner übrigen Verunreinigungen hier am Boden deponiren und indem das reinere Wasser nun aufsteigt, dringt es durch die feineren Oeffnungen des zweiten Septums in die zweite Kammer, und indem es dort gegen den Boden hin abfliesst, muss es den Sand und die Steinschichte durchdringen und wieder einen grossen Theil der Verunreinigungen deponiren. Von da steigt das Wasser durch die Spalte, welche im Grunde des dritten Septums sich befindet, wieder zwischen Stein und Sand in der dritten Kammer auf u. s. w., bis schliesslich im letzten Castellum reinstes Wasser erscheint«.

Dabei stellt P. noch folgende Grundsätze als beachtenswerth auf: 1. Je kleiner die Steine, desto besser der Erfolg, ebenso, je dichter der Sand. 2. An und um die feinen Oeffnungen sind besser Steine als Sand zu bringen. 3. Es ist von Vortheil, die feinen Oeffnungen an der Diagonale anzubringen, um so dem Wasser einen längeren Weg durch den Sand und Kies anzuweisen. 4. Je grösser der Cubikinhalt des Kahns (cymba) und je mehr Septa, desto besser wird das Wasser gereinigt.

1) Der Weinbau am Haardtgebirge von Landau bis Worms, dargestellt von Joh. Th. Bronner. Heidelberg (1836) III. Heft S. 44.

dicken und ganz stinkenden Mistpfuhl, bis die ganze Masse durchdrungen ist; die aus der untern Oeffnung hervorkommende Flüssigkeit wird fast geruchlos und farblos erscheinen und die Eigenschaft des Pfuhls gänzlich verloren haben.

Wie viele Beispiele haben wir nicht, dass gegrabene Brunnen ganz nahe an Mistbehältern sind, in welchen das ganze Jahr hindurch Mistjauche steht, ohne dass von dieser etwas in dem Wasser zu bemerken wäre; selbst in Gegenden, wo bloss Sand- und Gerölleboden ist, wo also die leichteste Durchdringlichkeit für Flüssigkeiten anzunehmen ist, findet man im Wasser der nächsten Brunnen keinen Mistpfuhl, ausser es müsste zufällig durch irgend ein Thier ein Loch in die Erde gebohrt worden sein oder sonst eine Spalte vorkommen, durch welche die Flüssigkeit ungehindert durchdringen kann.

Sogar das Seinewasser in Paris, in welches so viele tausend Kloaken täglich abfliessen, welches deshalb zu jedem ökonomischen Gebrauche untauglich ist, wird dadurch gereinigt und zu ökonomischen Zwecken brauchbar gemacht, dass man dasselbe in kegelförmige, in einem porösen Sandstein ausgehauene Behälter bringt, durch welche das Wasser langsam durchdringt und als klares, ziemlich geschmack- und geruchloses Wasser aufgefangen wird«.

Durch die für die Landwirthschaft bahnbrechenden Untersuchungen von Thompson, Huxtable, Way, Liebig, Gilbert u. A. wurde gezeigt, dass die Erde, die Ackererde, den ihr dargebotenen Lösungen gegenüber eine eigenthümlich ekklektische Wirkung ausübt, insoferne sie gewisse Stoffe, z. B. Kali, Ammoniak, Phosphorsäure, ferner auch organische Verbindungen denselben entzieht und in sich zurückbehält, anderen jedoch den Durchtritt ungehindert gestattet.

Diese Absorptionserscheinungen, die für die Fruchtbarkeit des Bodens eine so grosse Bedeutung haben, beruhen theils auf physikalischen theils auf chemischen Vorgängen. Physikalisch scheint es vorwiegend die Flächenattraction zu sein, die hier zur Wirkung kommt; hierfür spricht unter anderem, dass der Boden je nach seiner mechanischen Beschaffenheit, seiner Porosität verschiedene Wirkung zu äussern vermag (Liebig[1]), dass die feine Vertheilung der Bodenpartikel, die einer Vergrösserung der Gesammtoberfläche entspricht, besonders auf die Absorption wirkt (Falk[2]), dass die Absorption eine grössere wird, wenn man die salzhaltigen Flüssigkeiten allmählich durch den Boden filtrirt, als wenn man diese beiden mit einander schüttelt (Kühn-Zalomanoff[3]).

Chemisch sind hierbei die im Ackerboden enthaltenen wasserhaltigen Doppelsilicate (Zeolithe) wirksam, bestehend aus kieselsaurer Thonerde einerseits, kieselsaurem Kalk oder Alkali andererseits. Die in denselben nur sehr locker gebundenen Monoxyde lassen sich nicht schwer durch gewisse Basen (Kali, Natron, Ammoniak), die sich in den zu absorbirenden Flüssigkeiten als Salze befinden, verdrängen (Way[4]), Armsby[5]), Lemberg[6]), Bemmelen[7]).

An diese Versuche, besonders an diejenigen, die auch die Absorption von organischen Stoffen documentirten, konnte nun die Hygiene, die, wie auf S. 118 gezeigt, schon längst diesen Vorgang sich zu Nutzen gemacht, anknüpfen. Es waren besonders die höchst bedenklichen Erscheinungen der Verunreinigung englischer und schottischer Flüsse durch Abwässer der Industrie und der städtischen Kanäle, die sehr umfangreiche und bedeutsame Untersuchungen anregten[8]) und deren Resultate so ziemlich maassgebend für die weitere Entwickelung dieser Frage waren.

Die durch den Boden erfolgende Filtration von Spüljauche, Kanalwasser hat sich nicht bloss als eine rein mechanische

---

1) Annalen d. Chemie Bd. 105.

2) Falk, Experimentelles zur Frage der Kanalisation mit Berieselung. Vierteljahrschrift für ger. Medicin u. öff. Sanitätswesen. 27. u. 29. Bd.

3) J. Kühn, Berichte des landwirthschaftl. Institutes in Halle. 2. Heft.

4) Journ. Roy. agr. Soc. Bd. IX, XIII, XV.

5) Landwirth. Versuchsstationen Bd. 21.

6) Zeitschrift der geol. Gesellsch. Bd. 28.

7) Agriculturchemische Versuchsstation 1878.

8) River Pollution Commission: Reports of the commissioners, appointed in 1868 to inquire into the best means of preventing the pollution of rivers. Ferner: River Pollution Prevention Act. 1876. Report to the Local Government Board by Dr. R. Angus Smith. 1882.

Filtration erwiesen, die etwa nur zur Zurückhaltung der suspendirten Bestandtheile führt, sondern sie hat auch das abfliessende Wasser viel ärmer an organischen Stoffen erscheinen lassen. Die endlichen Resultate lagen s. Z. in folgender Tabelle zu Tage.

Es wurden entfernt in Procenten:

	Von den löslichen organischen Substanzen		Von den suspendirten organischen Substanzen
	Von dem organischen Kohlenstoff	Von dem organischen Stickstoff	
Aufsteigende Filtration:			
Günstigstes Resultat	50,7	65,5	100
Ungünstigstes Resultat	0,6	0,0	100
Durchschnittliches Resultat . .	26,3	36,6	100
Absteigende, intermittirende Filtration:			
Günstigstes Resultat	88,5	97,5	100
Ungünstigstes Resultat	32,8	43,7	100
Durchschnittliches Resultat . .	72,8	87,6	100
Berieselung:			
Günstigstes Resultat	91,8	97,4	100
Ungünstigstes Resultat	42,7	44,1	84,9
Durchschnittliches Resultat . .	68,6	81,7	97,7

Es ist hieraus ersichtlich, dass mitunter fast sämmtliche organische Stoffe und besonders die stickstoffhaltigen Körper der Spüljauche beim Durchtritt durch den Boden zurückgehalten werden und nicht in das abfliessende Wasser gelangen.

Ja, in einer Reihe sehr interessanter Versuche hat ferner Falk[1]) zu zeigen vermocht, dass dies nicht bloss für die in der Landwirtschaft wichtigen Düngstoffe, Kali, Natron, phosphorsaures Ammoniak u. dgl. gilt, sondern dass auch höher zusammengesetzte organische Verbindungen diesem Loose verfallen. Er constatirte diese filtrirende und absorbirende Fähigkeit gegenüber aromatischen Basen, wie z. B. Indol, Thymol, die besonders durch ihren Geruch belästigend wirken, gegenüber giftigen Alkaloiden wie Strychnin, Nikotin, gegenüber chemischen, nicht organisirten Fermenten

1) Falk, a. a. O.

wie Emulsin, Myrosin, Ptyalin. Selbst die geformten Fermente, wie sie sich in faulenden Flüssigkeiten, im Milzbrandblut vorfinden, sowie die durch sie gebildeten giftigen Stoffwechsel- oder Zersetzungsproducte, Glycerinextracte von tuberculösen Sputis, von septischen Stoffen wurden beim Durchleiten durch Sandboden ihrer infectiösen oder giftigen Eigenschaften beraubt.

Die Ergebnisse dieser Untersuchung waren nun für die hygienische wie landwirthschaftliche Praxis sehr werthvoll und fanden auch ihre Anwendung. Vom hygienischen Standpunkt konnte man sich jedoch mit ihnen nicht vollständig begnügen. Man hatte auf diese Weise wohl erforscht, dass der Boden eine Menge von Stoffen zurückhält, die, wenn sie in innigere Beziehungen zum Menschen treten, leicht zu krankmachenden Potenzen werden können. Man hatte aber damit noch keine Kenntniss darüber gewonnen, welches Schicksal ihrer im Boden selbst harret. Es konnte ja doch nicht gleichgültig erscheinen, wenn wir auf diese Weise aus dem Boden ein ständiges Depot aller möglichen Giftstoffe bilden.

Die möglichen hygienischen Nachtheile und Gefahren, die aus einem solchen Verhalten resultiren können, sind ja mehrfach. Fürs erste wird dadurch die Verwendbarkeit des Bodens für solche Zwecke eine nur zu beschränkte; denn wenn die Stoffe, die vom Boden absorbirt werden, in demselben unverändert verharren, so muss bei stetiger Zufuhr neuer solcher Stoffe bald ein Zustand der Sättigung eintreten, von welchem an keine weitere Aufnahme neuer Stoffe möglich ist und so die dem Boden übergebenen Stoffe ungereinigt und unentgiftet wieder abfliessen. Solche Zufälle lassen sich auch in der That vielfach, freilich meist nur in Fällen mangelhafter Handhabung der Grundsätze der Filtration resp. Berieselung constatiren, und sind auch experimentell nachzuweisen.

Sodann aber dürfen wir nicht vergessen, dass wir mit unseren Abfallstoffen auch Giftstoffe und Infectionsträger dem Boden einverleiben, deren Conservirung in dem Boden allmählich zu einer grossen Calamität werden müsste. Unsere Excremente, unsere Haushaltungswässer scheinen zwar in frischem Zustande indifferenter Natur zu sein; man kann frischen Harn, frisches Abwaschwasser Thieren sogar injiciren, ohne dieselben zu schädigen. Haben sich aber nach längerem Stehen in denselben Organismen entwickelt, haben sich infolge dieser Entwickelungen Zersetzungserreger und Zersetzungsproducte etablirt, so wirken diese Stoffe theils infectiös, theils toxisch [1]). Neben den organisirten Giften bilden sich auch nicht organisirte, rein chemische Gifte, wie aus den Untersuchungen von Panum, Hiller, Rosenberg etc. hervorgeht; ferner haben die Untersuchungen der letzten Jahre gezeigt, dass sich aus organischen Körpern durch Zersetzung derselben alkaloidähnliche Körper bilden, sogenannte Fäulnissalkaloide oder Ptomaïne, von denen bei einzelnen die Giftigkeit constatirt wurde (Selmi, Brouardel und Boutmy [2]). Wenn nun infolge der Absorption diese Gifte im Boden festgehalten würden, so wäre bei Conservirung derselben in unverändertem Zustand die Gefahr, dass sie unter Umständen doch mittelbar oder unmittelbar an Menschen oder Thiere gelangen, nicht ausgeschlossen.

Endlich verdient in dritter Linie das Aufspeichern von Stoffen der erwähnten Provenienz im Boden auch deshalb grössere Beachtung, weil dadurch Nährstoffe aufgestapelt würden, die nicht bloss von den uns landwirthschaftlich interessirenden höheren Pflanzen als Nährmaterial verwerthet werden, sondern auch für die hygienisch bedeutsamen niedrigsten Organismen als Substrat der Entwickelung und Vermehrung zu dienen haben. Da es nun nach den Forschungen Pettenkofer's kaum mehr bestritten werden kann, dass gewisse Krankheitskeime erst in dem Boden zur Vermehrung oder eigenartigen Entwickelung gelangen können, und da ferner die Erfahrung dafür zu sprechen scheint, dass gerade

1) Emmerich, Sitzungsber. d. k. bayr. Akad. d. Wissenschaften 1879.

2) Die Uferbewohner des Murrayflusses in Südaustralien bedienen sich zur Tödtung ihrer Feinde eines sehr heftig wirkenden Pfeilgiftes, das sie aus in Gruben im Erdboden begrabenen, faulenden Fischen gewinnen. In die faulende Masse wird ein Bein getaucht und mit diesem die Haut des Feindes geritzt. Es ist hierbei nicht entschieden, ob man es hier mit einem als Gift wirkenden chemischen Körper oder mit besonders infectiösen Organismen zu thun hat.

ein verunreinigter, d. h. ein mit organischen Abfallstoffen beladener Boden die geeignetste Brutstätte abzugeben vermag, so ist auch aus diesem Grunde die Frage nach dem endlichen Schicksal der in dem Boden einverleibten Abfallstoffe berechtigt und dringend.

Schon die bisherigen Untersuchungen über Bodenfiltration, über Berieselung, ferner gewisse experimentelle Arbeiten über Bodenluft haben, wenn sie auch nicht direct auf dieses Ziel gerichtet waren, Beiträge zur Lösung dieser Frage geliefert.

Wenden wir uns zuvörderst noch einmal den Arbeiten der erwähnten englischen Commission zu.

Wenn man bei den von ihr angestellten Filtrations- und Berieselungsversuchen die durch Analysen bestimmten Stoffe in den Abwässern vor und nach der Filtration resp. Berieselung nach Menge und Beschaffenheit vergleicht, so findet man, dass das Filtrat, das abfliessende Wasser, im Allgemeinen eine andere Zusammensetzung zeigt, dass gewisse Bestandtheile eine Zunahme, gewisse eine Abnahme erfahren, ja dass sogar chemische Körper auftreten, die in der ursprünglichen Flüssigkeit gar nicht vorhanden waren. So zeigen z. B. die organischen Stoffe, der organische Stickstoff und organische Kohlenstoff, das Ammoniak bedeutende Abnahmen, dagegen stellen sich im Filtrate neue Stickstoffverbindungen ein, die salpeter- und salpetrigsauren Salze.

Wir wollen aus den mit absteigender, intermittirender Filtration angestellten, englischen Versuchen eine kleine Tabelle (S. 127) zusammenstellen, die diese Verhältnisse demonstrirt.

Die Zahlen geben die in 100000 Theilen Wasser enthaltenen Bestandtheile an.

Wenn wir die nachstehenden Zahlen zu deuten versuchen, so gelangen wir zu folgender Annahme.

Das Wasser, das durch den Boden abfliesst, nimmt vorerst eine Reihe von Stoffen auf; denn die Menge der gelösten Stoffe im Filtrat übersteigt die des Kanalwassers um 20—70 %. Diese Zunahme ist aber wohl ausschliesslich anorganischer Provenienz, da sowohl der organische Kohlenstoff als auch der organische Stickstoff eine sehr bedeutende Herabminderung erfährt. Die Verminderung

	Gelöste Stoffe	Organischer Kohlenstoff	Organischer Stickstoff	Ammoniak	Stickstoff in Form von Nitraten u. Nitriten	Durchschnitt aus
Durchschnittliche Zusammensetzung des Kanalwassers vor der Filtration	64,5	4,386	2,484	5,557	0	—
Absteigende Filtration durch eine 15′ hohe Sandschichte	78,5	1,033	0,330	0,621	3,512	16 Versuchen
Absteigende Filtration durch eine 15′ hohe Schichte von Sand und Kreide	96,8	0,726	0,113	0,035	3,814	12 »
Absteigende Filtration durch eine 5′ hohe Schichte von Erde von Beddington (sehr poröser Kies)	102,5	0,698	0,133	0,010	3,574	18 »
Absteigende Filtration durch eine 5′ hohe Schichte von Erde von Hambrook (leichter Sand von hellrother Farbe)	111,3	1,118	0,162	0,112	2,944	15 »
Absteigende Filtration durch eine 5′ hohe Schichte von Erde von Dursley (leichter, gelblich-brauner Lehm) . .	102,1	0,709	0,188	0,209	4,054	28 »

des organischen Kohlenstoffs kann bis 85 % der ursprünglichen Menge betragen, die des organischen Stickstoffs gar bis 95,5 %, ebenso verschwindet, wie ja bei der grossen Absorptionsfähigkeit des Bodens für Ammoniak erklärlich ist, der grösste Theil des Ammoniaks. Die Abnahme kann sogar an 100 % betragen.

Die Zunahme nun, die die Bodenfiltrate an gelösten anorganischen Stoffen erfahren, ist wohl zum grössten Theil darauf zurückzuführen, dass die Abwässer gewisse lösliche Bestandtheile des Filtermaterials (Kalk, Magnesia, Eisensalze) auflösen; aber doch nicht ausschliesslich. Denn es zeigen sich im Filtrate Stoffe in grösserer Menge, die im Boden gar nicht oder nur in Spuren vorhanden sind und die auch nicht in der zu filtrirenden Flüssigkeit vorhanden waren, die also erst im Boden durch gewisse mit der Filtration verbundene Vorgänge sich bilden; es sind dies besonders Nitrite und Nitrate. Diese Stoffe erscheinen im Filtrate mitunter in einer derartigen Menge, dass sie keineswegs dem Boden selbst entstammen können, sondern als Producte der Oxydation des in anderweitiger Form als Ammoniak oder als organischer Stickstoff vorkommenden Stickstoffs der aufgegossenen Flüssigkeit erscheinen.

Dieselben Veränderungen machen die Abwässer auch bei der Berieselung durch.

Es seien als Beispiel einige Resultate der chemischen Untersuchung des Berliner Rieselwassers [1]) angeführt.

Das Wasser enthielt in 100000 Theilen:

	Rückstand	Salpetersäure	Salpetrige Säure	Ammoniak	Reducirtes Kaliumpermanganat
Spüljauche aus dem Druckrohr in Falkenberg durch Papier filtrirt .	107,06	0,25	0,0000	8,440	22,12
Mitte des nördlichen Sielgrabens .	88,88	2,12	0,1500	1,600	4,46
Südlicher Sielgraben, 20 Schritte oberhalb der Mündung in die Wuhle	88,26	1,30	0,1875	1,800	4,28

Die Abnahme sowohl des Ammoniaks als auch der organischen Substanzen geht mit der Zunahme der Nitrate und Nitrite einher.

Da es sich nun an der Hand der Bodenanalysen nachweisen lässt, dass die vorgefundenen Quantitäten von Nitriten und Nitraten keineswegs Auslaugungs- oder Zersetzungsproducte des Bodens sein können, da ferner durch Versuche von Boussingault [2]), Schlösing [3]) constatirt ist, dass der Stickstoff der Luft keineswegs zur Bildung dieser Nitrate und Nitrite verwendet wird, so hat die Annahme, es handle sich hier um Veränderungen, die die stickstoffhaltigen organischen Substanzen im Boden erfahren, um so mehr Berechtigung, als ja auch in den natürlichen wie künstlichen Salpeterplantagen die stickstoffhaltigen, organischen Stoffe als die Quelle der Salpeterbildung angesehen werden, und damit wäre schon ein Anhaltspunkt für die »Selbstreinigung des Bodens« gegeben.

---

1) Die Verhandlungen der deutschen Gesellschaft für öffentliche Gesundheitspflege zu Berlin über Kanalisation und Berieselung. 1883.

2) Compte rendus tom. XXVI p. 22.

3) Annal. d. Chim. et Phys. 24.

Einen weiteren Anhaltspunkt finden wir sodann in dem Auftreten eines anderen Oxydationsproductes, das als letztes Zersetzungsproduct organischer Stoffe angesehen werden muss, in dem Vorkommen von Kohlensäure im Boden.

Schon die von Pettenkofer[1]) constatirte Thatsache, die Kohlensäure sei dort in erheblicher Weise in der Bodenluft vorhanden, wo sich organische Substanzen in dem Boden vorfinden, fehle aber in einem vollkommen sterilen Boden, in dem der libyschen Wüste, lässt darauf schliessen, dieses Gas trete eben als Zersetzungsproduct der organischen Substanzen auf. Zu demselben Resultate kamen auch Möller[2]) und Wollny[3]) bei ihren experimentellen Untersuchungen über Kohlensäurebildung im Boden.

Wollny fand je nach dem Verhältniss, in welchem er organische Stoffe dem Quarzsand beimischte, folgende Durchschnittswerthe:

	Quarzsand rein	Quarzsand + 1/4 Torf	Quarzsand + 1/2 Torf	Quarzsand + 3/4 Torf
Kohlensäuregehalt der Bodenluft in pro mille	0,70	2,19	3,34	3,93

Mit der Zunahme der organischen Substanzen nahm auch, ceteris paribus, der Kohlensäuregehalt des Bodens zu.

So können wir denn bereits auf indirectem Wege schliessen, dass ein grosser Theil der im Boden befindlichen organischen Substanzen allmählich die Umwandlung bis zu jenen Endproducten erfährt, welche theils gasförmig in die Luft entweichen, theils als vom Boden nicht absorbirbare, lösliche Salze, wie die Nitrite und Nitrate, von dem den Boden durchfliessenden Wasser weggeführt werden, wodurch also eine Selbstreinigung des Bodens gegeben ist.

In einer früheren Arbeit[4]) habe ich sodann für die im Harn befindlichen organischen Substanzen direct den Beweis geliefert, dass dieselben, wenigstens soweit es sich um die stickstoffhaltigen

1) Zeitschrift für Biologie Bd. 11.

2) Mittheilungen aus dem forstl. Versuchswesen in Oesterreich 1878.

3) Die landwirthschaftlichen Versuchsstationen 1880.

4) Soyka, Ueber den Einfluss des Bodens auf die Zersetzung organischer Substanzen. Zeitschrift für Biologie Bd. 14.

Substanzen handelt, unter gewissen Bedingungen allmählich vollständig mineralisirt werden, sich in Nitrate und Nitrite umwandeln, die aus dem Boden durch Wasser vollständig ausgelaugt werden können. Es hat sich bei diesen Versuchen herausgestellt, dass diese Umwandlung der organischen Substanzen an gewisse Bedingungen geknüpft ist, die in der Beschaffenheit sowohl des Bodens als auch der zu reinigenden Flüssigkeiten gelegen waren.

Diese Bedingungen in aller Kürze zusammengefasst waren:

A. Im Boden gelegene Bedingungen:

a) Ein gewisser Grad von Porosität des Bodens [1]), von Durchgängigkeit für Luft und Flüssigkeit;

b) eine bestimmte Durchfeuchtung mit der zu entgiftenden Flüssigkeit;

c) eine in nicht allzu weiten Grenzen schwankende Temperatur des Bodens;

d) ein Gehalt an organischen resp. organisirten Gebilden.

B. In der zu reinigenden Flüssigkeit gelegene Bedingungen:

Eine bestimmte Verdünnung der Flüssigkeit, da eine zu starke Concentration derselben diese Processe vollständig stille stehen lassen kann.

Ganz analoge Bedingungen hat Wollny experimentell für die Umwandlung des organischen Kohlenstoffs in Kohlensäure festgestellt.

War damit für den Harn und seine Derivate der Beweis geliefert, dass er im Boden nicht bloss absorbirt, sondern auch vollkommen zu Producten umgewandelt wird, die durch die natürlichen Ereignisse, durch die Niederschläge aus dem Boden verschwinden, so war doch, mit Rücksicht auf die Arbeiten von Falk, eine Erweiterung dieser Untersuchungen wünschenswerth geworden. Falk hatte gezeigt, dass der Boden auch sehr viele Gifte absorbirt; mit Rücksicht auf die Frage der Ptomaïne oder Cadaveralkaloide musste entschieden werden, ob auch diese etwas complicirteren Körper einem solchen Zersetzungs- und Oxydationsprocesse unterliegen. Man konnte auch den früheren Versuchen

1) Vgl. auch Prichard, Comptes rendus 98.

den Einwand machen, dass es sich hierbei vorwiegend oder ausschliesslich um Umwandlungsproducte des Ammoniaks, also eines relativ einfachen Körpers handelte. Denn in allen diesen Versuchen war das Ammoniak entweder im vorhinein in so reichlicher Menge vorhanden, dass der in demselben vorhandene Stickstoff den der später erscheinenden Nitrite und Nitrate vollkommen zu decken vermochte, oder aber es bildete sich ununterbrochen während der Versuche durch die hierbei stets vor sich gehenden Fäulnissprocesse. Wohl liess sich bereits aus den Versuchen Falk's indirect auf eine Zerstörung der Alkalien im Boden schliessen, da er bemerkt, dass ein Boden, dessen Absorptionsfähigkeit für die Gifte bereits erschöpft war, nach längerem Stehen allmählich diese Eigenschaft wieder erlangte.

Um diese Fragen auch nach dieser Richtung hin zu entscheiden, stellte ich eine Reihe von Versuchen an, die es sich zur Aufgabe machten, theils das Schicksal verschiedener chemisch wohl charakterisirter Körper im Boden zu verfolgen, theils auch verschiedene Bodenarten auf ihre Einwirkung zu prüfen. Dabei konnte es nicht vermieden werden, dass auch die Frage der Absorption resp. Filtration an sich Berücksichtigung fand, insoweit diese ja einer eventuellen Zerstörung im Boden vorangehen musste.

Die Methoden, nach denen die Versuche angestellt wurden, knüpften im Wesentlichen an die bereits in meiner Abhandlung über den Einfluss des Bodens auf die Zersetzung der organischen Substanzen [1]) dargelegten, sowie an die von Falk [2]) angewendeten an.

Zu den die Frage im Princip zu entscheidenden Versuchen wählte ich das Strychnin in seinen schwefelsauren, salzsauren und essigsauren Salzen, ein Alkaloid, das durch seine grosse Beständigkeit, seine schwere Zersetzbarkeit, sowie auch durch die Schärfe seiner Reaction zu diesen Versuchen besonders geeignet erschien.

Vor allem war es nothwendig, zu untersuchen, wie der zur Anwendung kommende Boden, Münchener Kiesboden, in dessen Zusammensetzung hauptsächlich Kalk, Dolomit und mergelige

1) Zeitschrift für Biologie Bd. 14.

2) a. a. O.

Kalkrollstücke eingehen, begleitet von Mergel und kieseligen Substanzen, in seiner filtrirenden und absorbirenden Eigenschaft sich dem Strychnin gegenüber bei der verschiedenen Concentration der zu filtrirenden Lösung verhielt.

Zu diesem Zwecke wurden 5 Röhren mit je 400^{ccm} einer Kiessorte (die mit Mittelsand bezeichnet wird), deren Korngrösse dem Durchmesser nach zwischen $1/3 - 1^{mm}$ schwankt, gefüllt (vgl. Renk, über die Permeabilität des Bodens für Luft[1]); die Höhe der Kiesschichte war circa $0{,}8^{m}$. Auf dieselbe wurde jeden Tag die Quantität von 10^{ccm} einer Lösung von schwefelsaurem Strychnin $(2\,[C_{21}H_{22}N_2O_2]\,SO_4H_2 + 5\,H_2O)$ aufgegossen. Die Strychninlösung hatte die Concentration von 0,01, 0,1, 0,5, 1 und circa 1,4 %; bei letzterer Concentration war das Lösungsvermögen des kalten Wassers für Strychnin bereits überschritten, und ein Theil des Salzes krystallisirte in der Kälte bereits wieder heraus. (Das Strychnin wurde mittels concentrirter Schwefelsäure und doppeltchromsaurem Kali nachgewiesen, einer Reaction, die nach De Vrij und Van der Burg noch $0{,}001^{mg}$ Strychnin erkennen lässt).

Nr. des Versuches	I.	II.	III.	IV.	V.
Concentration der Lösung von Strychninsulfat . .	0,01 %	0,1 %	0,5 %	1,0 %	1,4 %
Die Lösung hatte den Boden durchdrungen .	am 7. Tag	am 8. Tag	am 7. Tag	am 7. Tag	am 8. Tag
Menge der aufgegossenen Strychninlösung . . .	80^{ccm}	140^{ccm}	140^{ccm}	140^{ccm}	130^{ccm}
Menge d. Strychninsulfats	$0{,}008^{g}$	$0{,}14^{g}$	$0{,}7^{g}$	$1{,}4^{g}$	ca. $1{,}8^{g}$
Strychninreaction i. Filtrat	Kein Strychnin nachzuweisen				

Der Versuch lehrt, dass ein Boden, wie der hier angewendete, nachdem er das seiner Wassercapacität entsprechende Quantum der Strychninlösung, das hier ungefähr $60^{ccm} = 15$ Volumprocent entspricht, aufgenommen und zurückgehalten, nun den Ueberschuss abtropfen lässt, und zwar vollkommen strychninfrei, ohne Rücksicht auf die Concentration der Strychninlösung.

1) Zeitschrift f. Biologie Bd. 15.

Diese Bestätigung der von Falk constatirten Thatsache, dass der Boden die Lösung eines Strychninsalzes von dem in derselben enthaltenen Strychnin befreit, wurde auch noch für die Bodenarten von verschiedenem physikalischen Charakter, d. h. von verschiedenem Porenvolum constatirt.

In zweimal drei Röhren wurde Boden verschiedener Korngrösse eingefüllt: Feinkies (Durchmesser des Kornes 2—4 mm), Grobsand (Korndurchmesser 1—2 mm), Mittelsand (Korndurchmesser $^1/_3$—1 mm). Auf diesen Boden wurden täglich 12 ccm einer 0,1 % resp. 0,01 % Lösung schwefelsauren Strychnins aufgegossen.

	Feinkies		Grobsand		Mittelsand	
Concentration der Lösung des Strychninsulfats	0,01 %	0,1 %	0,01 %	0,1 %	0,01 %	0,1 %
Die Lösung hatte den Boden durchdrungen am	3. Tag	3. Tag	4. Tag	4. Tag	7. Tag	7. Tag
Nach 8 Tagen (Abbruch des Versuches) waren aufgegossen 96 ccm, entsprechen Grammen Strychninsulfat	0,0096	0,096	0,0096	0,096	0,0096	0,096
Im Filtrat	Kein Strychnin nachzuweisen					

An die Constatirung dieser Thatsache knüpft sich weiterhin die hygienisch bedeutende Frage, innerhalb welcher Grenzen kann der Boden diese Eigenthümlichkeit, eine Giftlösung beim Durchleiten durch denselben zu entgiften, in vollem Maasse entfalten; wie viel Strychnin kann im speciellen Falle vom Boden auf diese Weise der Lösung entzogen werden. Es brauchten zu diesem Behufe die Versuche nur so lange weiter fortgesetzt werden, bis das Filtrat endlich die Strychninreaction gab.

Die Ziffern nachstehender Tabelle, die da besagen, dass der Kiesboden bis zu 0,5—0,6 % seines Gewichtes Strychninsalz und bis 0,4 Gewichtsprocent reines Strychnin einer Flüssigkeit zu entziehen vermag, sind etwas zu hoch gegriffen, da, wenn einmal dieses Stadium der Sättigung erreicht ist, sich wieder eine geringe Menge Strychnin auswaschen lässt.

Bodenart	Grobsand	Mittelsand		
	656 g lufttrockener Kies	602 g lufttrockener Kies	300 g lufttrockener Kies	200 g lufttrockener Schweisssand[1])
Strychninlösung und Concentration	Strychnin sulfur. 1,0 %		Strychnin acetic. 0,25 %[2])	
Strychninreaction im Filtrate nach Aufgiessen von ccm	300	30	480	460
Darin enthalten vom Strychninsalz grm	3,0	3,3	1,2	1,15
Darin enthalten reines Strychnin ($C_{21}H_{22}N_2O_2$) mg	2,34	2,57		
Von 100 g Boden werden zurückgehalten vom Salz	0,45	0,54	0,4	0,57
Von 100 g Boden werden zurückgehalten vom reinen Strychnin .	0,35	0,42		

Sehen wir nun derart, dass der Boden nicht unerschöpflich ist, so erhalten wir doch wieder einen Begriff von der Grösse dieser wohlthätigen Action, wenn wir berechnen, wie viel Gift ungefähr ein Cubikmeter dieses Bodens in sich aufzunehmen vermag. Setzen wir das spec. Gewicht des reinen Bodens gleich 2,5, d. h. des Bodens an sich, frei von Luft. Um das Gewicht desselben zu berechnen, müssen wir vorerst dasjenige Volum in Abzug bringen, welches die Luft im Boden einnimmt. Dieses Porenvolum beträgt ungefähr 35 % im Durchschnitt; es verbliebe also ein Volum von 650 Liter Boden, die ein Gewicht von 1625 kg repräsentiren. Die Gewichtsmenge von schwefelsaurem Strychnin, die ein solcher Boden in sich aufnehmen kann, sei nur circa 0,20 Gewichtsprocent; 1625 kg Boden können dann bis 3,25 kg Strychnin in sich aufnehmen, das ist eine Menge, die — bei einer Dosis toxica des Strychninsulfats von 0,03 g — zur Vergiftung von über 100000 Menschen hinreichen würde.

---

1) Schweisssand, ein vielfach unmittelbar der undurchlässigen Flinzschichte aufgelagerter, feiner, glimmerreicher Sand.

2) Vom essigsauren Strychnin ist das Moleculargewicht mit Rücksicht auf das Krystallwasser nicht bestimmt.

Was nun für diesen Repräsentanten der Alkaloide, das Strychnin, gilt, konnte ich für eine Reihe anderer Körper constatiren; Chinin als schwefelsaures Salz, Morphin und Atropin in ihren Sulfaten, ferner Pyridin und schwefelsaures Pyridin, Piperidin und salzsaures Piperidin, schwefelsaures Chinolin und salzsaures Cinchonin wurden ebenfalls ihren Lösungen durch den Boden entzogen.

Für Chinin wurde auch die quantitative Seite der Frage, ähnlich wie für das Strychnin, mit folgendem Resultate geprüft.

	Mittelsand	
	310 g Kies	200 g Schweisssand
Chininreaction im Filtrate nach Aufgiessen von ccm einer Lösung von Chinin sulfur. 0,1 % (2 [$C_{20}H_{24}N_2O_2$] SO_4H_2 + 5 H_2O) . .	480	530
Darin enthalten vom Chininsalz grm . . .	0,48	0,53
Darin enthalten reines Chinin grm	0,35	0,38
Von 100 g Boden werden zurückgehalten Chinin sulf.	0,15	0,26
Von 100 g Boden werden zurückgehalten Chinin	0,11	0,19

Auf 1 cbm Boden würde unter obiger Voraussetzung ca. 1,6 kg Chinin entfallen.

Aehnliche Versuche wurden sodann mit den Sulfaten des Atropins und des Morphins angestellt. Bei diesen Versuchen wurde dem Boden 0,15 Gewichtsprocent reinen Morphins und 0,16 Gewichtsprocent reinen Atropins einverleibt, ohne dass hiermit die Grenze erreicht worden wäre.

Bei diesen Versuchen ist es jedoch nicht gleichgültig für die Menge der vom Boden aufzunehmenden Stoffe, in welcher Weise die Einverleibung in den Boden erfolgt. In Uebereinstimmung mit den englischen Untersuchungen Frankland's über intermittirende Filtration und mit den Versuchen Kühn's, hat sich ergeben, dass ein allmähliches Aufgiessen der Salzlösungen das Erscheinen des Giftes im Filtrate für längere Zeit verhindert, als wenn man dieselbe Quantität mit einemmale rasch den Boden durchfliessen lässt, oder wenn man gar den Boden in ein bestimmtes Quantum dieser Lösung einschüttet.

Es werden zwei Röhren mit gleichen Quantitäten (600 g) Mittelsand gefüllt und eine 1 procentige Strychninsulfatlösung in verschiedener Geschwindigkeit aufgegossen.

Röhre I. Die Lösung wird allmählich, zu je 10 ccm aufgegossen. Im Filtrat erscheint Strychnin, nachdem 330 ccm aufgegossen wurden; es wurden 330 ccm = 3,3 g Strychnin sulf. = 0,54 % zurückgehalten.

Röhre II. Die Lösung wird schnell zu je 100 ccm aufgegossen. Im Filtrat erscheint Strychnin, nachdem 200 ccm aufgegossen wurden; es wurden also weniger als 2,0 g Strychnin sulf., weniger als 0,33 % zurückgehalten.

Es wird in dem zweiten Versuch die Zahl 2,0 g resp. 0,33 % wahrscheinlich als viel zu hoch noch angesehen werden müssen; die genaue Grenze müsste durch Variiren der Mengen der zuzusetzenden Flüssigkeit noch festgestellt werden. Mit Rücksicht darauf jedoch, dass sich auch schon auf diese Weise eine erhebliche Differenz (39 %) constatiren liess, wurde dieser Versuch nicht weiter fortgesetzt.

Analog war das Resultat eines zweiten Versuches, der freilich zur Entscheidung einer andern Frage angestellt worden war und später noch discutirt werden soll. In 5 Kolben wurden gleiche Quantitäten Strychninlösung von wechselnder Concentration gebracht und zu diesen gleiche Quantitäten unseres Bodens geschüttelt, die Flaschen einige Tage stehen gelassen, nicht ohne von Zeit zu Zeit umgeschüttelt zu werden.

Inhalt des Kolbens — Boden	50 g Grobsand		50 g Mittelsand			
Strychninlösung	20 ccm 0,1 %	20 cm 0,5 %	20 0,1 %	20 0,5 %	20 1,0 %	20 1,4 %[1]
Quantität des vorhandenen Strychninsulfats	0,02 g	0,1 g	0,02 g	0,1 g	0,2 g	0,28 g
Quantität des reinen Strychnins	0,0156	0,078	0,016	0,078	0,156	0,218
Auf 100 g Boden entfallen grm Strychninsulfat . .	0,04	0,2	0,04	0,2	0,04	0,56
Auf 100 g Boden entfallen grm reines Strychnin . .	0,03	0,15	0,03	0,15	0,31	0,43
Strychninreaction in der Flüssigkeit	θ	vorhanden	θ	vorhanden	vorhanden	vorhanden

1) Vgl. S. 132.

In den Versuchen auf S. 134 bei Mittelsand war das Procentverhältnis des zurückgehaltenen Strychnins zum Boden gleich 0,42, in diesem Versuche war bei 0,15 bereits die Grenze überschritten.

So weit diese Vorgänge hier geschildert wurden, stehen sie vollkommen im Einklang mit den bei der Bodenabsorption gefundenen Thatsachen, und es ergaben sich im Verlaufe der Untersuchung noch einige Momente, die diese Annahme, dass wir es hierbei — in erster Linie wenigstens — mit einer Absorption zu thun haben, erheblich stützen.

Analog dem Schicksal derjenigen Salze, deren Basen vom Boden absorbirt werden (Kali-Ammoniumsalze), tritt auch bei den Alkaloidsalzen eine Zerlegung ein, indem sich die Säure abspaltet, und (zum grossen Theil wenigstens) an Kalk gebunden, ins Filtrat übergeht. Das zeigt schon der qualitative Nachweis bei Anwendung solcher Säuren, die aus dem Boden selbst nicht ausgewaschen werden können (Schwefelsäure, Salzsäure), das zeigt auch der quantitative Nachweis, indem man nach Aufgiessen einer bestimmten Menge eines Alkaloidsalzes durch Auswaschen genau diejenige Menge der Säure gewinnen kann, die in der aufgegossenen Quantität vorhanden war, ohne dass sich eine Spur der Alkaloide im Filtrate vorfand.

Es wurde ein solch quantitativer Versuch mit einer 0,5 proc. Lösung von Morphium muriaticum gemacht. Der Boden, durch den die Lösung filtrirte, war hier sowie in allen Versuchen sorgfältig ausgewaschen und das Filtrat als frei von Chlor nachgewiesen; es wurden nun je 10 ^{ccm} dieser Lösung aufgegossen, nach jedesmaligem Aufgiessen von 10 ^{ccm} wurde die Bodensäule mit destillirtem Wasser so lange ausgewaschen, bis sich keine Chlorreaction mehr zeigte. In diesem Wasser wurde sodann durch Titrirung mittels salpetersaurem Silberoxyd der Chlorgehalt bestimmt, der dann stets dem in 10 ^{ccm} der Atropinlösung gefundenen entsprach. Bei diesen Versuchen war die Reaction des Filtrats — infolge des Gehalts des Bodens an kohlensaurem Kalk — stets alkalisch.

Ein weiterer directer Beweis, dass das Strychnin, resp. die Alkaloide vorerst im Boden nur zurückgehalten, absorbirt und nicht zerstört werden, lag in dem Nachweise derselben im Boden. Es gelang, durch bestimmte Lösungsmittel dem Boden das resp. die Alkaloide wieder zu entziehen. Es ist selbstverständlich, dass das Wasser hierfür kein geeignetes Lösungsmittel ist, wird ja doch der wässerigen Lösung eben das Strychnin entzogen. Wird jedoch ein solcher mit Strychninlösung behandelter Boden getrocknet (an der Luft oder bei nicht zu hohen Temperaturen) und sodann mit Aether oder Alkohol oder Chloroform extrahirt, so lässt sich in diesem Extract Strychnin und zwar reines Strychnin wieder nachweisen und so also wieder aus dem Boden entfernen. Ganz entsprechend der bereits erwähnten Thatsache, dass sich bei der Absorption die Säure abspaltet, zeigt auch die Verwendbarkeit dieser verschiedenen Stoffe als Lösungsmittel, dass wir es bei diesen Absorptionsversuchen in dem Boden nicht mehr mit dem ursprünglichen Strychninsalze zu thun haben, das schwefelsaure Strychin ist z. B. in Aether und Chloroform vollkommen unlöslich; das Strychnin kann also, da es durch diese beiden Stoffe extrahirt wird, nicht in dieser schwefelsauren Verbindung im Boden vorhanden sein.

Endlich liess sich das Strychnin auch durch verdünnte Säuren aus dem Boden extrahiren.

Es schien mit Rücksicht auf gewisse hygienische und forensische Gesichtspunkte nicht unwichtig auch noch durch das physiologische Experiment den Nachweis des Strychnins im Boden, und den Nachweis seiner Giftwirkung in diesem Zustande zu liefern. Die Vergiftungsversuche, die mit solchem strychninhaltigen Boden an Mäusen angestellt wurden, bewiesen dass das Gift nicht bloss vorhanden war, sondern in einem, recht losem Zusammenhange mit dem Boden sich befand. Brachte man nämlich weissen Mäusen per os etwas von diesem Boden bei, so gingen sie, je nach der Quantität der eingebrachten Mengen in kürzerer oder längerer Zeit zu Grunde.

Es sei hier nochmals zurückzukommen auf die oben S. 137 beschriebenen Versuche, bei denen der Boden in die Strychninlösung eingebracht wurde. Diese Versuche hatten den Zweck, die Wirkung der atmosphärischen Luft, wie sie bei der intermittirenden Filtration (beim Aufgiessen), zur Geltung kommen kann, auszuschliessen. Es ist diese Einwirkung der Luft für gewisse, später zu berücksichtigende Zersetzungsvorgänge von grosser Bedeutung, während sie bei der Absorption allein keine Rolle zu spielen scheint, und es lag also in dem dortigen Versuchsresultat, bei welchem das Strychnin in einzelnen der Kolben aus der Flüssigkeit verschwunden war, ohne dass es wesentlich der Mithilfe der im Boden enthaltenen Luft, der Porosität des Bodens bedurft hätte, ein indirecter Beleg hierfür, dass dieser Vorgang in der Absorption seinen Grund habe.

Wenn wir nun das Resultat dieser Versuche resumiren, so finden wir: der Boden besitzt wohl eine ganz mächtige, absorbirende Fähigkeit gegenüber organischen Giften; er ist im Stande durch lange Zeit Flüssigkeiten, denen gelöste Gifte beigemengt sind, frei von diesen Giften abfliessen zu lassen, aber nicht ohne dieselben in sich aufzustapeln und so zu einem Giftreservoir zu werden. Von diesem Gesichtspunkte aus wäre also diese reinigende Thätigkeit des Bodens nur eine einseitige und sehr beschränkt. Allein es ist bei diesen Versuchen zu bedenken, dass sich dieselben stets nur auf eine ganz kurze Zeit, höchstens einige Tage beschränkten, und dass, um ein entscheidendes Urtheil über die Vorgänge im Boden zu gewinnen, man dieselben durch längere Zeit verfolgen müsste. Auch liegt ja die Beobachtung Falk's vor, dass ein Boden, der bereits seine Fähigkeit, reinigend, absorbirend zu wirken, verloren hatte, nach einiger Zeit diese Fähigkeit wieder erlangte.

Von dieser Rücksicht geleitet, wurden diese Versuche in der Weise fortgesetzt, dass das Aufgiessen der giftigen Lösungen in viel längeren Zwischenräumen erfolgte. Von jenem Zeitpuncte an, von dem aus das Aufgiessen der Giftlösung sistirt wurde, wurde der Boden allmählich mit Wasser ausgewaschen und das Filtrat sodann gesammelt und ausser auf das jeweilige Gift auch auf gewisse Zersetzungsproducte desselben untersucht. Da wir es hier mit stickstoffhaltigen Körpern zu thun hatten, so war das Augenmerk hauptsächlich auf die beiden Endproducte der Umwandlung solcher Körper auf Salpeter- resp. salpetrige Säure und auf Ammoniak gerichtet (im Anschluss an meine früheren Versuche).

Ein solcher durch circa 6 Monate fortgesetzter Versuch führte nun zu folgendem Ergebnisse.

<table>
<tr><th>Höhe der Bodensäule circa 0,8 m</th><th>I. Mittelsand 585 g</th><th>II. Mittelsand 603 g</th><th>III. Grobsand 651 g</th><th>IV. Grobsand 656 g</th></tr>
<tr><td>Täglich aufgegossen 10 ccm einer Lösung von . . .</td><td>Str. sulfur. 0,1 %</td><td>Str. sulfur. 1 %</td><td>Str. acet. 0,1 %</td><td>Str. acet. 1 %</td></tr>
<tr><td>am 5. Tag, nachdem 50 ccm aufgegossen waren . . .</td><td></td><td></td><td colspan="2">die Flüssigkeit tropft bereits ab, deutliche HNO_2-Reaction</td></tr>
<tr><td>am 7. Tag, nachdem 50 ccm aufgegossen . . . . .</td><td colspan="2">die Flüssigkeit tropft ab, HNO_2-Reaction</td><td></td><td></td></tr>
<tr><td>am 12. Tag, nachdem 120 ccm aufgegossen . . . . .</td><td colspan="2">HNO_3-Reaction im Filtrat</td><td colspan="2">keine HNO_3-, nur HNO_2-Reaction im Filtrat</td></tr>
<tr><td>am 18. Tag, nachdem 180 ccm aufgegossen waren . . .</td><td colspan="4">überall HNO_3 im Filtrat nachzuweisen</td></tr>
</table>

Es lässt sich aus dieser, bloss qualitativen Bestimmung bereits die Vermuthung anstellen, dass auch diese stickstoffhaltigen Alkaloide, ähnlich wie die stickstoffhaltigen Ausscheidungsproducte, die sich in unseren Kanälen vorfinden, im Boden eine Umwandlung und Zersetzung erleiden, die bis zu den letzten Oxydationsproducten führt und so den Stickstoff mineralisirt. Um jedoch genauere Anhaltspunkte hierfür zu gewinnen, ist es nöthig, die Frage quantitativ zu behandeln, und die Menge dieser Oxydationsproducte mit der Menge der eingeführten stickstoffhaltigen Körper zu vergleichen. Zuvor muss aber die Gewissheit vorliegen, dass nicht etwa aus dem zu den Versuchen verwendeten Boden allein derartige Producte sich abspalten oder gebildet werden. Diesem Einwand wurde in der Weise begegnet, dass stets eine Controlröhre mit demselben Kies (der ja vor allen Versuchen sorgfältig ausgewaschen worden war) gefüllt und mit reinem, vorher behufs Entfernung des etwa absorbirten Ammoniaks stets ausgekochtem, destillirtem Wasser ganz ähnlich behandelt worden war, wie die anderen Röhren mit den betreffenden Lösungen; die Abwesenheit der Nitrite und Nitrate im Filtrate dieser Controlröhre bewies dann, dass diese Stoffe weder aus dem Versuchsboden selbst stammten, noch auch aus dem Stickstoff der Luft, der vom Boden hätte absorbirt werden können.

Die nach dieser Richtung angestellte Versuchsreihe (eine Fortsetzung der in der obigen Tabelle angeführten Versuche) ergab nun folgende Resultate.

	I. Mittelsand 585 g	II. Mittelsand 603 g	III. Grobsand 651 g	IV. Grobsand 656 g
Menge der in 30—60 Tagen aufgegossenen Lösungen . . .	800 ccm Str. sulf. 0,1 %	330 ccm Str. sulf. 1 %	750 ccm Str. acet. 0,1 %	310 ccm Str. acet. 1 %
Reaction auf Salpetersäure . .	am 12. Tage		am 18. Tage	
Menge der Salpetersäure im Filtrat nach 107 Tagen . . .	108,6 mg	quant. nicht bestimmbar	98,8 mg	quant. nicht bestimmbar
Menge der Salpetersäure im Filtrat nach weiteren 60 Tagen .	7,5 mg	quant. nicht bestimmbar	5,19 mg	46,2 mg
Gesammtmenge d. Salpetersäure im Filtrat nach 167 Tagen .	116,1 mg	quant. nicht bestimmbar	103,99 mg	46,2 mg

Dieses Resultat ist in mehrfacher Beziehung beachtenswerth. Es führt vor allem auch wieder zu dem Schluss, dass dieser Salpetergehalt des Filtrats nicht etwa dem Boden an sich, sondern den eingeführten stickstoffhaltigen Körpern entstammen müssen, da sich sonst weder die Differenzen in dem zeitlichen Auftreten, noch weniger aber die Menge der Nitrate erklären liesse; sodann sehen wir, dass dieselben Bedingungen, die ich für die Nitrification des Harns im Boden als maassgebend nachgewiesen habe, auch für diese complicirten Körper ihre Geltung behalten. Die grössere Concentration der Lösung wirkt auch hier h e m m e n d ein und die Differenzen in der Porosität des Bodens gaben sich auch kund in der Zeit, in der die Nitrification ihren Ablauf nimmt.

Es ist übrigens werthvoll, die quantitative Untersuchung auch noch so weit auszudehnen, dass man vergleicht, wie viel von dem in den aufgegossenen Alkaloiden vorhandenen Stickstoff in dieser veränderten Form wieder erschien. Nach der oben auf S. 296 gegebenen Zusammensetzung des schwefelsauren Strychnins $2(C_{21}H_{22}N_2O_2)SO_4H_2 + 5H_2O$ mit dem Moleculargewicht von 856 beträgt der Stickstoffgehalt desselben 6,5 %.

Beim essigsauren Strychnin muss an das in Anmerkung S. 134 Gesagte erinnert werden; es haben die hierbei angeführten Zahlen nur annähernden Werth, indem von dem willkürlich angenommenen Extrem einer Alternative von $0\ H_2O$ und $10\ H_2O$ ausgegangen wurde.

Wir erhalten also folgendes Vergleichsresultat:

	I. Mittelsand 585 g	II. Mittelsand 603 g	III. Grobsand 651 g	IV. Grobsand 656 g
Quantität der aufgegossenen Lösung	800 ccm Str. sulf. 0,1 %	330 ccm Str. sulf. 1 %	750 ccm Str. acet. 0,1 %	310 ccm Str. acet. 1 %
Quantität des absorbirten Strychnins	0,8 g Str. sulf.	3,3 g Str. sulf.	0,75 g Str. acet.	3,1 g Str. acet.
In demselben reiner Stickstoff	52 mg	214 mg	36—53 mg	151—200 mg
Nach 167 Tagen nachgewiesene Salpetersäure (N_2O_5) . . .	116,1 mg	—	104 mg	46,2 mg
In derselben reiner Stickstoff	30,1 mg	—	27 mg	12 mg
Der Stickstoff der Nitrate beträgt vom Sticktoff des Strychnins	57,8 %	—	im Minimum 51 %	6—14 %

Es haben sich also innerhalb einer bestimmten Zeit an 60 % der absorbirten Strychninmenge im Filtrate wieder nachweisen lassen, aber in einer Form, die als für die Gesundheit vollständig indifferent betrachtet werden kann, es erfolgt die Umwandlung in einen Körper, der den Boden rasch verlässt, so dass auf diesem Wege eine vollständige Reinigung des Bodens wieder zu erfolgen vermag und der Boden wieder in die Lage kommt, als neues Reinigungsmaterial zu dienen. Es scheint damit die Thatsache einer Selbstreinigung des Bodens auch für complicirte, höher zusammengesetzte Körper, als das Ammoniak und die Amide sind, erwiesen, wenn sie auch an gewisse Bedingungen geknüpft ist.

Es schien angezeigt, diese Versuche, wenn auch nicht in ihrer Vollständigkeit, auch mit anderen Körpern dieser Gruppe zu wiederholen, schien es auch nicht wahrscheinlich, dass sich im Ablauf dieser Erscheinungen wesentliche Differenzen zeigen würden. Und doch ergaben sich bei vergleichenden Versuchen einige nicht unbedeutende Unterschiede.

Es wurde der Versuch zunächst mit Chininsulfat wiederholt. 270 g Mittelsand werden in eine Röhre gefüllt und successiv 100 ccm einer 2proc. Chininlösung aufgegossen; das Filtrat, das schwach alkalisch reagirt und in dem sich Schwefelsäure nachweisen lässt, ist frei von Chinin.

Während sich aber unter diesen Umständen beim Strychnin nach circa 18 Tagen bereits Nitrate im Filtrat nachweisen liessen, waren sie hier nach 2 Monaten noch nicht zu constatiren, dagegen zeigte sich ein anderes stickstoffhaltiges Endproduct in dem Filtrate in grosser Menge, und zwar Ammoniak.

Die verschiedenen, auf dieses Verhalten hin geprüften Alkaloide zeigten nun, durch eine gleich hohe Bodensäule filtrirt, folgende Differenzen: (vgl. Tabelle auf S. 144).

Wir ersehen aus dieser Tabelle, dass der Stickstoff aller vom Boden absorbirter Alkaloide schliesslich als Endproduct in Form von Nitraten (und wohl Nitriten) erscheint, dass aber der Ablauf dieser Umwandlung verschiedenartig erfolgt und wir können weiterhin den Schluss ziehen, dass unter den Vorstufen, die die Nitrification im Boden besitzt, das Ammoniak eine wesentliche Rolle spielt. Ja es scheint nicht unwahrscheinlich, dass aus diesen stickstoffhaltigen Körpern überhaupt zuerst Ammoniak gebildet wird, welches sodann erst eine Umwandlung in Nitrate erfährt. In manchen Fällen scheint diese Umwandlung des Ammoniaks in Nitrite und Nitrate sofort oder wenigstens ziemlich rasch zu erfolgen, so dass diese beiden Körper neben einander nachgewiesen werden können, oder sogar das Ammoniak sofort verschwindet, in manchen Fällen aber scheint erst der stickstoffhaltige Körper sich vollständig in Ammoniak umwandeln zu müssen, bevor sodann die Nitrification eingeleitet werden kann.

Die Gründe für diese Differenzen dürften wohl weniger in der chemischen Constitution der betreffenden Körper, als vielmehr in ihrer Einwirkung auf Organismen zu suchen sein. Die Erscheinung der Nitrification darf wohl auf die Mitwirkung von Organismen zurückzuführen sein (vgl. die Arbeiten von Schlösing u. Müntz, Warrington u. mir) und da ist es nicht undenkbar, dass gewisse dieser Gifte, von denen einzelne (wie z. B. Chinin, Chinolin) als

		Atropin. sulfur.	Chinin. sulfur.	Chinolin. sulfur.	Cinchonin. muriat.	Morphin. sulfur.	Piperidin. muriat.	Pyridin. sulfur.	Strychnin. sulfur.
		50 ccm 0,5 %	100 ccm 0,2 %	50 ccm 0,125 %	50 cbm 0,5 %	100 ccm 0,5 %	50 ccm 0,125 %	50 cbm 0,5 %	100 ccm 1 %
am 8. Tage.	Salpetersäure-Reaction	θ	θ	θ	θ	θ	θ	θ	θ
	Ammoniakreaction	θ	zieml. stark	zieml. stark	schwach	deutlich	stark	Spuren	Spuren
am 15. Tage.	Salpetersäure-Reaction	θ	θ	—	—	θ	—	—	θ
	Ammoniakreaction	θ	deutlich	—	—	schwach	—	—	θ
am 20. Tage.	Salpetersäure-Reaction	θ	—	—	θ	θ	—	θ	deutlich
	Ammoniakreaction	Spuren	—	—	schwach	Spuren	—	Spuren	θ
am 25. Tage.	Salpetersäure-Reaction	θ	θ	—	—	—	—	—	stark
	Ammoniakreaction	deutlich	stark	—	—	—	—	—	θ
am 30. Tage.	Salpetersäure-Reaction	θ	—	θ	—	stark	θ	—	—
	Ammoniakreaction	schwach	—	deutlich	—	θ	stark	—	—
am 50. Tage.	Salpetersäure-Reaction	—	—	sehr stark	deutlich	—	—	stark	—
	Ammoniakreaction	—	—	θ	θ	—	—	θ	—
am 60. Tage.	Salpetersäure-Reaction	θ	θ	—	—	stark	stark	—	—
	Ammoniakreaction	stark	stark	—	—	θ	stark	—	—
am 80. Tage.	Salpetersäure-Reaction	—	—	—	—	—	—	stark	—
	Ammoniakreaction	—	—	—	θ	—	—	θ	—
am 150. Tage.	Salpetersäure-Reaction	—	stark	sehr stark	stark	—	stark	stark	—
	Ammoniakreaction	—	θ	Spuren	θ	—	θ	θ	—
					0,855 mg N.		1,25 mg N.		

der Lebensthätigkeit niedriger Organismen feindlich gegenüberstehende erkannt sind, auch die die Nitrification einleitenden Organismen in ihrer Lebensthätigkeit zu hemmen vermögen und dass diese Nitrification so lange hintangehalten wird, so lange diese Gifte noch als solche unverändert im Boden vorhanden sind, oder so lange sie nicht bis zu jenem Grade zersetzt sind, in welchem sie ob der geringen Concentration ihre Wirkung eingebüsst haben.

Folgender Versuch könnte hierfür sprechen. Eine 1 proc. Lösung von Chlorammonium wurde einmal allein, sodann mit einem Zusatz solcher Gifte unter sonst gleichen Verhältnissen durch Boden filtrirt und der Zeitpunkt, in welchem die Nitrification sich einzustellen begann, notirt. Das Resultat war Folgendes:

	Chlorammonium 0,1 %	Chlorammonium 1 %	Chlorammonium 1 % Pyridinsulfat 0,125 %	Chlorammonium 1 % Chinolinsulfat 0,125 %
Nachweisbarkeit von Nitraten	am 15. Tage	am 35. Tage	am 55. Tage	am 82. Tage

Ohne diesem Versuche eine entscheidende Bedeutung beilegen zu wollen, da derselbe nicht ausreichend alle mit in Frage kommenden Momente berücksichtigt, sei er doch hier angeführt als ein Hinweis auf die Möglichheit, die Frage auf diesem indirecten aber leicht einzuschlagenden Wege zu lösen.

Die bisher dargelegten Versuche und ihre Ergebnisse beschränkten sich ausschliesslich auf eine Bodenart, die als Repräsentant des kiesigsandigen Alluvialbodens für die Frage der Berieselung und Bodenfiltration in Betracht kommen.

Um der Frage auch nach einer anderen Richtung gerecht zu werden und um an ein ebenfalls bereits in der Praxis eingeführtes Verfahren anzuknüpfen, wurde noch mit einer Bodenart organischer Provenienz, mit Torf experimentirt. Die organischen Substanzen des Kiesbodens, besonders soweit mit denselben auch

Organismen vergesellschaftet sind, spielen bei den bereits geschilderten Vorgängen eine nicht unwesentliche Rolle, und so schien es erwünscht, eine Bodenart zu prüfen, die fast ausschliesslich aus organischer Substanz besteht. Freilich liess die durchaus verschiedene physikalische Beschaffenheit des betreffenden Materials wesentliche Differenzen in dem Ablauf der Erscheinungen erwarten. Das zwar ebenfalls sehr poröse, dabei aber ausserordentlich hygroskopische und quellbare Material musste wohl jenen Vorgängen, bei denen die Mithilfe des Sauerstoffs zur grösseren Bedeutung gelangt, eine andere Directive geben. Die Art und Weise, wie der Torf zu diesen Versuchen verwendet wurde, war der bei dem Kiesboden angewendeten analog. Der Torf wurde gepulvert, ausgewaschen, an der Luft getrocknet und gesiebt; das dem Mittelsand entsprechende Product wurde dann in Röhren eingefüllt.

Bei der grossen Aufnahmsfähigkeit des Torfs für Flüssigkeiten war es nur selbstverständlich, dass auch die Absorption eine grössere war; bei einem Gehalt von **4,40** Gewichtsprocent Strychnin sulfur. oder **3,52** Gewichtsprocent reinen Strychnins war die Absorptionsfähigkeit des Torfes noch lange nicht erschöpft. Es liess sich auch hier, sowohl durch Extraction mit Chloroform, als auch durch das Thierexperiment nachweisen, dass, wenigstens in der ersten Zeit. das Gift wirklich im Torf vorhanden war.

Bei der Frage nach dem weiteren Schicksal der absorbirten Stoffe bot die Lösung einige Schwierigkeiten. Wir wissen, dass im Torf unter Umständen Zersetzungsvorgänge auftreten, die zur Bildung von Producten führen, analog denen, die als Zersetzungsproducte der von uns angewendeten Stoffe auftreten. So wird aus den Schwefelverbindungen des Torfes bei langem Stehen unter Wasser Schwefelwasserstoff gebildet und aus dem Stickstoff des Torfes, dessen Gehalt in dem von mir verwendeten Torf durch Verbrennung mit Natronkalk auf 2,40—3,16 % bestimmt wurde, kann sich unter denselben Umständen auch Ammoniak bilden. Es wurde deshalb stets unter Anstellung gewisser Cautelen experimentirt, indem gleichzeitig durch je eine Probe desselben Torfs einmal reines

Wasser, sodann auch eine Kalihydratlösung von 1 % und 0,1 % filtrirt wurde, um die Gewissheit zu gewinnen, dass sich nicht bereits auf diesem Wege ein stickstoffhaltiges Endproduct zeige. Erst wenn die betreffende Torfprobe diese Reaction nicht gab, wurde der Versuch mit dem Alkaloid gemacht. Auch die Absorption des etwa in der Luft gasförmig vorhandenen Ammoniaks musste durch geeignete, mit Schwefelsäure gefüllte Vorlagen verhindert werden. Da zeigte es sich denn mit grosser Constanz, dass die vom Torf absorbirten stickstoffhaltigen Substanzen ebenfalls eine Zersetzung erleiden, und zwar dass sich aus demselben Ammoniak bildet, welches sich sowohl qualitativ als auch quantitativ nachweisen lässt. Diese offenbar mit der reducirenden Wirkung des Torfes im Zusammenhange stehende Eigenthümlichkeit erstreckte sich aber auch auf solche stickstoffhaltige Verbindungen, die den Sauerstoff in Form von Nitraten bereits enthalten. Auch hier wird beim Filtriren Ammoniak abgespalten.

Dabei gestalteten sich diese Verhältnisse in analoger Weise, ob wir es mit dem gewöhnlichen Torf zu thun hatten, dem durch längeres Auswaschen mit Wasser nur die im Wasser löslichen Salze entzogen worden waren, oder ob er durch sorgfältiges Auswaschen mit concentrirter und verdünnter Salzsäure so ziemlich aller mineralischen Bestandtheile beraubt war und also fast ausschliesslich aus organischen Stoffen sich zusammensetzte. Im letzteren Falle ergab sich nur als Differenz, dass, während das Filtrat des mit Wasser ausgewaschenen Torfes nach Aufgiessen der Alkaloidlösung schwach alkalisch reagirte, dasselbe beim mit Salzsäure gewaschenen Torfe eine stark saure Reaction zeigte. An dieser Säurereaction trug nicht etwa das mangelhafte Auswaschen des Torfes schuld; denn die Säure war nicht die zum Auswaschen verwendete Salzsäure, sondern die jeweilige, mit dem Alkaloid verbundene Säure, die auf ihrem Wege durch den Torf abgespalten wurde.

Wir wollen zur Beurtheilung dieser Verhältnisse einige Beispiele in nachfolgender Tabelle anführen. Die Ammoniakbestimmung erfolgte als Platinchloridammoniak, nachdem vorher die Abwesenheit des Alkaloids im Filtrate nachgewiesen worden war.

	Torf mit Wasser gewaschen		Torf mit Salzsäure gewaschen	
	82 g	83 g	85 g	63 g
Beschaffenheit u. Menge der aufgegossenen Flüssigkeit	salpetersaures Kali 90 ccm 1 %	schwefels. Strychnin 100 ccm 0,5 %	salpeters. Kali 90 ccm 1 %	schwefels. Strychnin 90 ccm 0,5 %
Menge des im Filtrat als Ammoniak gefundenen Stickstoffs nach 20 Tagen . .	0,0211 g	0,002	0,036	0,020
Menge des in der aufgegossenen Flüssigkeit enthaltenen Stickstoffs	0,124	0,0327	0,124	0,0294
Verhältnis des als Ammoniak im Filtrat gefundenen Stickstoffs	17 %	6,1 %	29 %	67 %

Es ist aus diesen Versuchen ersichtlich, dass die reinigende und reducirende Kraft des Torfes eine ziemlich grosse ist, es muss aber hinzugefügt werden, dass andrerseits die Gifte auch wieder recht lange im Torfe nachzuweisen waren und das war in jenen Fällen, wo der Versuch abgebrochen worden war und die Filtration nicht weiter fortgesetzt wurde. In jenen Fällen also, wo die in der Röhre befindliche Torfmasse ruhig mit der absorbirten Flüssigkeit stehen blieb, schritt die Zersetzung nur langsam fort, während sie im Kiesboden in solchen Fällen rasch beendet worden war.

Hervorzuheben ist auch noch, dass es mir beim Torf nicht gelang, eine Nitrification der stickstoffhaltigen Substanzen herbeizuführen, auch dann nicht, wenn ich während der Versuche Luft durch den Torf hindurchleitete, oder wenn ich diese Versuche bei erhöhter Temperatur von 30—36 ° C. vornahm.

Die Thatsache, dass auch die organischen Substanzen des Torfes allein eine so zersetzende Wirkung auf die stickstoffhaltigen Substanzen ausüben, die nach obiger Tabelle noch grösser zu sein scheint, als die des von seinen Salzen nicht befreiten Torfs, führte dazu, auch Rücksicht zu nehmen auf einen Körper, der als Gase und Flüssigkeiten absorbirendes und deshalb desinficirendes Mittel seit längster Zeit in Anwendung kam — auf die Kohle. Es war nicht unwahrscheinlich, dass in der Kohle ebenfalls nicht bloss eine Absorption, sondern auch eine Zersetzung und Zerstörung der absorbirten Stoffe erfolge. Es ist bekannt, dass die Kohle das Jod seiner Lösung entzieht, dass sie verschiedene Metallsalze, namentlich basische, in der Weise zu zersetzen vermag, dass sie aus denselben die Oxyde fällt. Liebermann[1]) fand eine durch Thierkohle herbeigeführte Zerlegung der Salze, so dass im Filtrate freie Säure nachweisbar war: bei fettsaurem Salze, bei essigsaurem Morphium und citronensaurem Coffein, bei borsaurem Natrium, Trinitriumphosphat, Dinitriumhydrophosphat, bei schwefelsaurem Eisenoxydul und schwefelsaurem Kupferoxyd.

Die Versuche, die ich in dieser Richtung anstellte, kämpften vorerst mit der Schwierigkeit, ein Material darzustellen, welches einwurfsfreie Resultate gegeben hätte. Denn wurde aus Knochen gewonnene Thierkohle noch so sorgfältig längere Zeit mit Salzsäure und Wasser ausgewaschen so ergab in kurzer Zeit doch wieder das Filtrat mit Nessler'schem Reagens eine mehr oder weniger starke Reaction.

Es gelang endlich, ein tadelloses Versuchsmaterial herzustellen, in der Weise, dass die gut ausgewaschene und von aller Säure befreite Kohle in Glasröhren gefüllt wurde und dieselben dann unter Durchleiten von Wasserstoff im Verbrennungsofen ausgeglüht wurden. Die Glasröhren, in denen dieses Ausglühen vorgenommen wurde, dienten gleichzeitig zu den Versuchen und durch eine mit Schwefelsäure gefüllte Vorlage wurde auch dafür gesorgt, dass aus der beim Abkühlen hinzutretenden Luft keinerlei Ammoniak absorbirt werden konnte.

Bei einer derartigen Versuchsanordnung erwies sich durch Aufgiessen von reinem ausgekochten destillirten Wasser das Filtrat als vollkommen ammoniakfrei, während nach Aufguss von Alkaloidlösung schon am 3. bis 4. Tage sich im Filtrate Ammoniak in grossen Quantitäten zeigte.

---

1) Ueber die Einwirkung der Thierkohle auf Salze. Sitzungsbericht d. k. k. Akademie d. Wissenschaften, Wien 1877.

Hiermit war für die in der Kohle stattfindende Zersetzung der absorbirten Alkaloide der Beweis geliefert, ausserdem aber auch gezeigt, dass diese Umwandlung in Ammoniak, im Gegensatz zu der Nitrification, nicht durch niedere Organismen[1]) vermittelt werde. Es lässt sich dieser Vorgang wohl in Parallele stellen mit der Reduction, die, gewissen Metallsalzen durch Kohle entzogene Basen bei längerer Einwirkung der Kohle erleiden (Heintz[2]). Dieser Autor schreibt die reducirende Wirkung dem Wasserstoffgehalt der Kohle zu. In unseren Versuchen war nun allerdings dieser auch noch künstlich zugeführt worden. Dass aber diese künstliche Zufuhr hier nicht ausschliesslich maassgebend gewesen, ging aus Versuchen hervor, in denen Kohle, die nicht mit Wasserstoff behandelt worden war, dieselben Zersetzungserscheinungen hervorrief.

Stenhouse[3]) nimmt an, der in den Poren verdichtete Sauerstoff bewirke die Oxydation der organischen Substanz, was in unserem Falle kaum zutraf.

Durch diese Versuche ist nun gezeigt worden, dass es in der That auch eine Selbstreinigung des Bodens gibt, die jedoch an gewisse Bedingungen geknüpft ist und die wir an

1) In neuester Zeit bestreitet Fleck auf Grundlage von Versuchen »über die Oxydation des Ammoniaks im Brunnenwasser« (12. u. 13. Jahresbericht der k. chem. Centralstelle für öffentliche Gesundheitspflege in Dresden 1884) die Rolle, welche den niederen Organismen im Boden als Vermittler der Nitrificirung zugeschrieben wird; abgesehen davon, dass bei den Versuchen von Fleck, in denen Ammoniak- und Quecksilberamidlösung auf Filtrirpapierstreifen ausgebreitet war, der Zutritt von Organismen aus der Luft nicht abgehalten war, lässt Fleck eine Reihe von Thatsachen unbeachtet, die sich keineswegs aus der »Eigenschaft fester Stoffe und Gase auf ihrer Oberfläche zu verdichten und an darüber streichende Flüssigkeiten abzugeben« erklären lassen. So die Versuche von Schlösing und Müntz (C. r. 84), nach denen ein zur Nitrification vorzüglich geeigneter Boden diese Fähigkeit verliert, wenn man denselben glüht und sorgfältig allen organischen Staub der Luft abhält; ferner meine eigenen Versuche (Zeitschr. f. Biologie Bd. 14), nach welchen es bereits genügt, die Flüssigkeit mit dem zur Nitrification geeigneten Boden durch einige Zeit auf Siedetemperatur zur erhitzen, um diesem die nitrificirende Fähigkeit vollständig zu rauben, vorausgesetzt, dass man für Abhaltung der körperlichen Theile aus der Luft sorgt, dass aber sofort die Nitrification wieder eingeleitet wird, wenn zu diesen Flüssigkeiten ungeglühter und ungekochter Boden gethan wird.

2) Annalen d. Chemie u. Pharmacie Bd. 187 S. 2.

3) Annalen d. Chemie u. Pharmacie Bd. 90.

der Hand der hier und an anderen Orten dargelegten eigenen Versuche, sowie mit Rücksichtnahme auf die in diesem Kapitel citirten, anderweitigen Arbeiten resumiren wollen.

1. Vor allem gehört hierzu ein geeigneter Boden, der eine Filtration überhaupt ermöglicht, der aber doch nicht so durchlässig ist, dass die Flüssigkeit den Boden zu rasch durchdringt und zu wenig von derselben innerhalb der Bodenporen zurückbleibt. Der Boden muss also neben der Absorptionsfähigkeit auch eine gewisse Wassercapacität besitzen, um die genügenden Mengen der Flüssigkeit in sich zurückzuhalten, andererseits aber auch genügend Luft enthalten, um die Oxydationsvorgänge zu ermöglichen; es gilt dies besonders vom Kiesboden. Beim Torf ist die Bedeutung der Luft nicht so evident, da vielleicht bei der grossen Wassercapacität und der starken Quellung alle Luft ausgetrieben wird. Eine Zersetzung erfolgt hier auch, scheint auch ziemlich rasch einzutreten, nur ist hier Rücksicht zu nehmen auf den langsamen Abfluss, den die Flüssigkeiten aus demselben nehmen.

2. Wesentlich scheint auch ein Wechsel in der Durchfeuchtung zu sein, weshalb gerade bei der intermittirenden Filtration die besten Resultate zu erreichen sind. Hierbei ist darauf zu achten, dass die Intermission auch wirklich ihren Zweck erfülle, dass hierdurch genügend Zeit gewährt wird zur Beendigung des Processes, so dass die neu zugeleitete Flüssigkeit mit die Aufgabe übernehmen kann, die gebildeten Zersetzungsproducte bereits wieder auszulaugen. Sonst kann ja leicht der Fall eintreten, dass die absorbirten und nicht genügend zersetzten Stoffe sich allmählich cumuliren und zur Uebersättigung, zur Insufficienz des Bodens führen.

3. In dritter Linie haben wir Bedingungen, die in der zu reinigenden Flüssigkeit selbst liegen. Ihre Concentration muss eine entsprechend geringe sein. Nicht bloss, dass durch eine grössere Concentration die Zersetzungsvorgänge verzögert und in der Weise erschwert werden, dass die Intervalle, in denen die Filtration vorgenommen wird, grössere sein müssen, soll nicht alsbald eine Sättigung und Uebersättigung des Bodens eintreten; es kann durch eine zu grosse Concentration die Umwandlung vollständig aufgehoben werden.

Wir gelangen auf Grund dieser Thatsachen und der daran sich knüpfenden Erwägungen zu einer beruhigenden Auffassung jener Gefahren, die vielfach als dem Boden von der Kanalisation drohende hingestellt wurden. Die Bedenken, dass der Kanalinhalt durch die angeblich nie ganz dicht zu construirenden Kanalwandungen in den Boden versickern könne, werden rasch behoben, wenn wir erwägen, welch geringe Quantitäten durch diese Wand hindurchzugehen vermögen und in welch grosser Verdünnung sie in den Boden gelangen, so dass man mit voller Zuversicht behaupten kann, sie werden von dem Boden in kurzer Zeit vollständig mineralisirt, um somehr, als in Folge der nothwendigerweise bald erfolgenden Verstopfung der Poren die allenfalls durchsickernden Quantitäten immer geringer werden. Damit stimmen auch die Versuche Wolffhügel's [1]), über den Grad der Verunreinigung, den der unterhalb der Siele befindliche Boden zu verschiedenen Zeiten zeigt, überein. Die Bodenverunreinigung unterhalb der Kanäle war eine weit geringere als in der Nachbarschaft von cementirten Abtrittgruben, zeigte aber zudem noch nach Ablauf mehrerer Jahre eine höchst bedeutende Verminderung. Und so erklärt sich auch, dass ein verunreinigter Boden im Laufe der Zeit, wenn sich an ihm jene hier angegebenen Bedingungen erfüllen, wieder nahezu vollkommen saluber werden kann.

Diese Gefahr des Durchsickerns an und für sich muss auch deshalb in die richtigen Schranken gewiesen werden, als infolge der stetigen Bewegung der Kanalflüssigkeit der Austritt der Flüssigkeiten behindert wird. Meine seinerzeit aufgestellte Behauptung, der Kanalinhalt werde auch schon deshalb, weil er in fortwährender Bewegung ist, weniger hindurchsickern lassen, wie wir dies an den nur lose verbundenen Wasserleitungsrinnen am Lande häufig genug sehen [2]), hat durch die Untersuchungen Wibel's [3]) ihre experimentelle Bestätigung gefunden. Wibel gelangt auf

1) Zeitschrift für Biologie Bd. 11.

2) Soyka, Kritik der gegen die Schwemmkanalisation erhobenen Einwände. Hygienische Tagesfragen I. München 1880 S. 48.

3) F. Wibel, Die Aenderung der osmotischen Erscheinungen und Gesetze durch die strömende Bewegung der Flüssigkeiten. Separ.-Abdr. aus den Abhandlungen des naturwissenschaftl. Vereins von Hamburg-Altona Bd. 7 Abth. 2. 1883.

Grund seiner Versuche, welche die Exosmose ruhender und strömender Kochsalzlösungen durch Membranen wie durch poröse Platten und durch Combinationen beider behandeln, zu dem Resultate, dass die strömende Bewegung der Sielflüssigkeiten in den Kanälen die Exosmose (Ausschwitzungen) der in ihnen gelösten Bestandtheile in sehr erheblichem Grade vermindert oder fast ganz aufhebt. Ja mit Rücksicht auf die in den Sielen herrschende Stromgeschwindigkeit und auf dem meist in erheblichem Grade vorhandenen äusseren Ueberdruck glaubt er behaupten zu müssen — eine richtige Construction der Siele vorausgesetzt —, »dass die Siele lediglich aufsaugend, nicht ausschwitzend wirken. Eine derartige Ausschwitzung, also auch Bodeninfection durch dieselbe — wie sie schon durch mancherlei andere Erfahrungen und Untersuchungen bestritten worden ist —, erfolgt deshalb gar nicht, oder nur in sehr geringem Grade, weil gemäss den Gesetzen der Osmose bei strömenden Flüssigkeiten die Exosmose (Ausschwitzung des Sielinhalts) so gut wie ganz aufgehoben wird und zwar um so vollkommener, je grösser die Stromgeschwindigkeit in den Sielen und je grösser der äussere Ueberdruck ist«.

Durch diese Reihe von Beobachtungen, Untersuchungen und Experimenten glaube ich gezeigt zu haben, dass in der Kanalisation, wenn sie von richtigen Principien ausgeht und in jener technischen Vollendung, wie sie heute erzielbar ist, ausgeführt wird, keineswegs eine schädliche Institution für unsere Städte zu erblicken ist, dass die hygienischen Vortheile, die ihr zugeschrieben werden, keineswegs geleugnet werden können, am allerwenigsten aber, dass sie sich etwa in das Gegentheil umkehren, sondern dass die etwaigen Nachtheile, die durch sie erwachsen können, entweder in mangelhafter Ausführung und Handhabung der bestehenden Einrichtung bestehen, oder aber von so untergeordneter Bedeutung und so leicht zu beheben sind, dass dieselben gegenüber den mannigfaltigen hygienischen, ästhetischen und mitunter auch ökonomischen Vortheilen nicht in die Wagschale fallen.

Typhusmortalität in

inclusive

der Heil- und Pflege

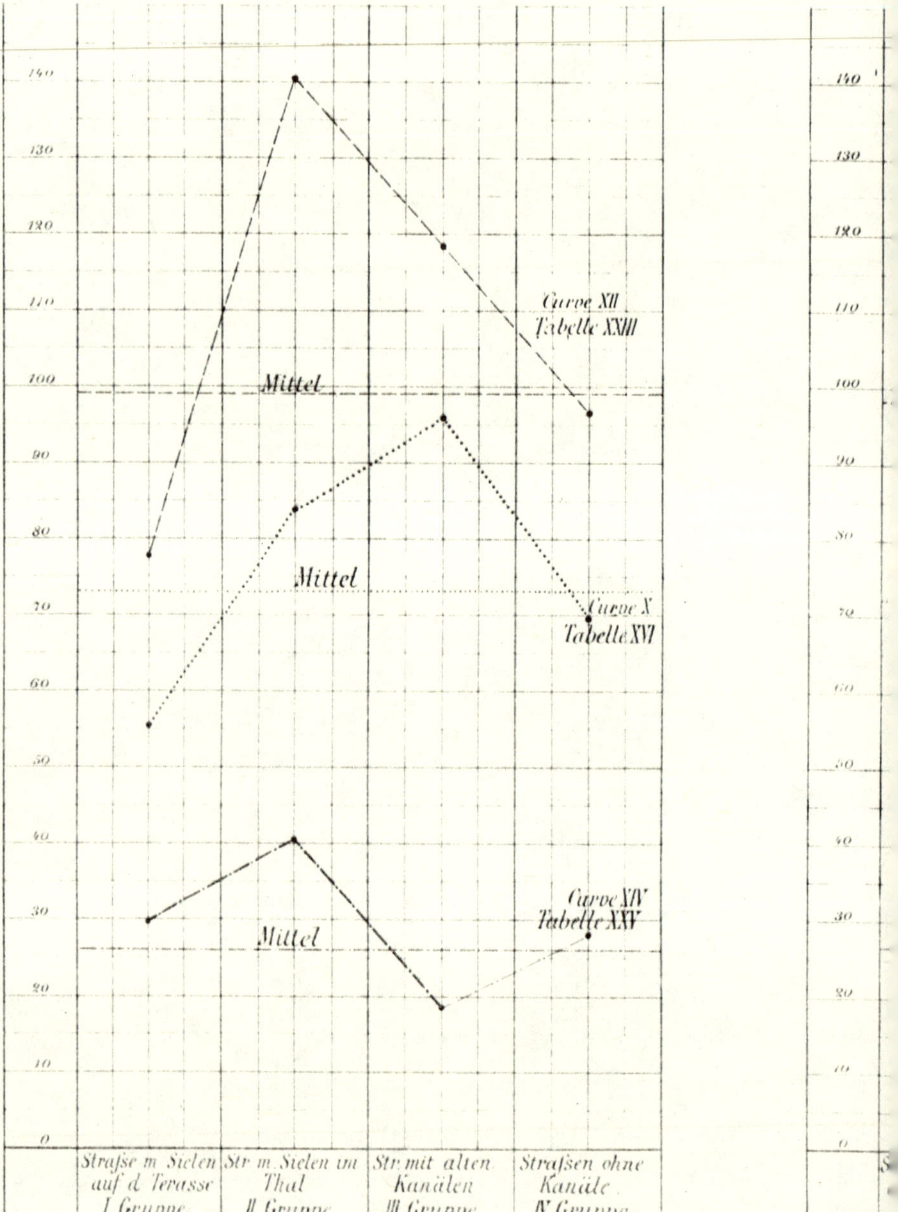

– – – – – – – – Typhusmortalität 1866–80 Jahresdurchschnitt au

.... „ „ 1875–80 „ „ „

–·–·–·–·– Herabminderung der Typhusmortalität für 1875 8

Taf. I

n

exclusive

n.

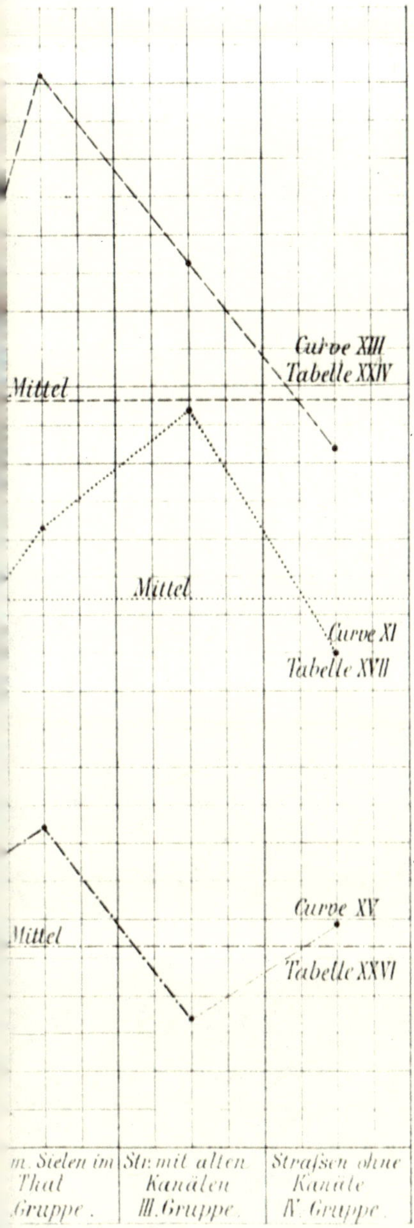

ner.

usfrequenz von 1866/80.

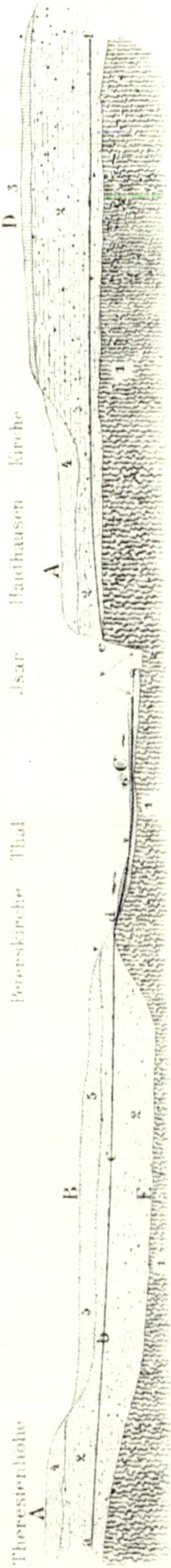

Querprofil durch München von der Theresienhöhe nach dem Ostbahnhofe.

1 Flinz 2 Älterer sandiger Kies 3 Löss 4 Grober jüngerer Kies 5 Terassen Kies 6 Alluvial Kies

Höchster Grundwasserstand 1876

Höhe : Länge 20 : 1. Länge 1 : 37,500

A.A Hochfläche B Terasse C Thalboden D Losshügel

Lith. Anst. v. C. Wolf & Sohn, München

www.ingramcontent.com/pod-product-compliance
Lightning Source LLC
LaVergne TN
LVHW042244300926
849161LV00003B/463
* 9 7 8 3 4 8 6 7 2 4 9 7 4 *